鸭蛙稻 产
模式与技

LUSE SHENGCHAN MOSHI
YU JISHU

张 舒◎主编

长江出版传媒 湖北科学技术出版社

图书在版编目（CIP）数据

鸭蛙稻绿色生产模式与技术 / 张舒主编. — 武汉 ：
湖北科学技术出版社，2021.6（2022.3 重印）
ISBN 978-7-5706-1485-1

Ⅰ. ①鸭… Ⅱ. ①张… Ⅲ. ①鸭－饲养管理②蛙类养殖③水稻栽培－无污染技术 Ⅳ. ①S834②S966.3

中国版本图书馆 CIP 数据核字(2021)第 079014 号

责任编辑：罗晨薇　　封面设计：胡　博

出版发行：湖北科学技术出版社　　电话：027-87679468
地　　址：武汉市雄楚大街 268 号　　邮编：430070
（湖北出版文化城 B 座 13-14 层）
网　　址：http：//www.hbstp.com.cn
印　　刷：武汉临江彩印有限公司　　邮编：430019

787×1092　1/16　7.5 印张　160 千字
2021 年 6 月第 1 版　2022 年 3 月第 2 次印刷
定价：35.00 元

《鸭蛙稻绿色生产模式与技术》编委会

主　编:张　舒

副主编:付维新　孙贤海　吕　亮　杨　利　李儒海　罗汉钢

编　委:(以姓氏笔画为序)

尹　尧　王贵春　王佐乾　付维新
孙贤海　石永芳　李儒海　吕　亮
陈　文　杨　利　杨小林　张建设
张凯雄　张求东　张　舒　严　斌
罗汉钢　胡时友　曹　鹏　常向前
程国俊　谢原利　谢远珍

前言

“绿水青山就是金山银山”,建设生态文明是关系人民福祉、关系民族未来的大计,是实现中华民族伟大复兴的重要内容。

水稻是我国最主要的粮食作物,全国有65%以上的人口以大米为主食,其生产直接关系到我国的粮食安全、食品安全。水稻在生产过程中,受到稻瘟病、纹枯病、稻曲病、稻飞虱、二化螟、稻纵卷叶螟和农田杂草等有害生物的危害。据统计,农作物自然损失率在37%以上,全世界粮食因病虫草害造成的损失,估计每年达800亿美元。为了确保粮食产量,人们不得不使用农用化学品,然而化学肥料和化学农药的过度投入和滥用,造成了土地板结、病虫草害产生抗药性、水稻品质下降、环境污染等一系列问题。因此,创新发展“水稻+”生态农业模式,采用有机替代、生态调控、理化诱控、科学肥水运筹、硅锌协同配施和精准施用等智能化、轻简化、标准化的化学肥料和化学农药减量增效技术,在有效控制水稻重大病虫草害的同时,确保水稻的丰产、稳产,保护生态环境,实现水稻生产的可持续高质量发展,是现代农业的必然要求。

2014年,湖北省石首市开始探索在稻田里养鸭、放蛙,利用水稻、鸭子和青蛙的互生关系,显著减少稻田化学肥料与化学农药的使用,提高了稻米品质，增加了种植收益，渐渐形成鸭蛙稻绿色生态农业模式，并逐步扩大。2016年初，国务院发展研究中心绿色发展研究团队为石首制订了《中部传统农区（石首）绿色发展试验示范总体方案》。2017年，湖北省农业农村厅和湖北省农业科学院相关领导专家开始介入，开展新技术和新产品的引进、试验与示范，形成了鸭蛙稻绿色生产模式，并向国内外复制推广，取得了较好的生态、经济、社会效益。

本书采用图文并茂的形式，较为全面、系统地介绍了石首市鸭蛙稻绿色生产模式的起源、雏形及发展历程。在多年成功实践的基础上，重点介绍了鸭蛙稻绿色生产模式中的关键栽培技术、病虫草害绿色防控关键技术以及鸭和蛙放养技术等，以期为鸭蛙稻绿色生产模式的大面积推广应用提供技术支撑。

本书的顺利出版得到国家重点研发计划（2016YFD0200807）、湖北省技术创新专项重大项目（2016ABA093、2017ABA146）和湖北省农业科技创新中心项目的资助。

中国水稻研究所傅强研究员、黄世文研究员为本书提供了部分病虫害图片，在此表示衷心的感谢！

本书内容丰富、新颖，具有较强的科普性和专业性，可供我国基层农技推广人员、农民朋友及农业院校师生阅读与学习。

由于编者时间仓促、水平有限，书中难免有不足之处，敬请同行和读者批评指正。

编者

2020年9月

目 录

第一章 概 述

第一节 鸭蛙稻起源

鸭蛙稻被称作“稻＋鸭＋蛙”或“稻＋”。鸭蛙稻绿色生产模式与技术是湖北省石首市针对当今水稻生产中，过量用水施肥施农药后带来的病虫草害猖獗，面源污染严重，农产品质量安全堪忧，生态环境恶化，人类健康隐患凸显等一系列问题，在生产实践中逐步提炼总结出来的一套水稻生产的药肥“双减”增效的绿色防控集成技术体系。

据《石首县志》记载，初于团山寺镇开展鸭稻共作试验，取得成功后在全县推广。2014年，石首市依托国务院发展研究中心绿色发展研究团队的顶层设计，同相关国内外学术机构和学者广泛合作，对石首市绿色发展示范进行了学术指导和持续跟踪研究。团山寺镇长安村在支部书记的带领下，在鸭稻共作模式上探索发展鸭蛙稻模式。同期，该镇过脉岭村的四生粮食种植专业合作社负责人严斌，在鸭稻共作模式上采用特色优质水稻品种探索发展鸭蛙稻模式，均按有机标准进行生产。2016年初，国务院发展研究中心绿色发展研究团队为石首制订了《中部传统农区（石首）绿色发展试验示范总体方案》，提出在秦克湖白鹭生态湿地区域开展绿色发展示范创建，先行开展生态农业转型研究，旨在将“绿水青山”转化为“金山银山”，在中部传统农区探索“越保护，越发展”的绿色发展新路。湖北省政府、省农业农村厅高度重视石首市绿色发展示范创建，并给予大力支持。石首市农业农村部门经多年实践，探索总结出以鸭控草、以蛙控虫为主的一整套水稻绿色生产经验，石首市走上政府主导、部门推动、主体建设的生态、绿色、优质水稻产业创新发展道路。

第二节 鸭蛙稻绿色生产模式与技术的雏形

湖北省石首市是中国中部传统欠发达农区的一个典型代表。地处长江中游岸边，是江汉平原和洞庭湖平原的结合部，拥有多样化地貌，物产丰富，有“江南鱼米之乡”的美誉。2014年起，国务院发展研究中心绿色发展研究团队提出以生态环境保护、地方文化挖掘、生态乡村社区、绿色经济活动等四大支柱作为切入点，开展绿色发展示范创建。

农业农村部门提出在秦克湖白鹭生态湿地区域先行开展生态农业转型(鸭蛙稻模式)研究,全域生态治理水稻病虫草害。鸭蛙稻绿色生产模式与技术是一种水稻绿色生产的吸收创新,是水稻生产过程中化学农药、化学肥料“双减”而又能实现产量、效益“双增”的集成技术体系。该模式技术以全域生态治理病虫草害为核心理念,充分吸收中国传统农业抗灾避灾的方法,高度集成运用生态调控、药肥协同等技术,依据病虫草害灾变规律,以提倡使用有机肥替代部分化学肥料,使用稻鸭共育、理化诱控和生物农药等非化学防治措施进行综合防治为基本要求,着力打造安全优质“鸭蛙香稻米”地方公共品牌,努力实现传统化学农业向现代绿色生态农业转型。

第三节　鸭蛙稻绿色生产模式与技术的起步和发展

2014 年,石首市团山寺镇长安村在支部书记的带领下,成立长生水稻种植专业合作社,流转水田 200 亩(1 亩≈666.67 平方米),冬季种植绿肥,春季翻耕、干晒、沤泡,建设钢架大棚集中育秧,机械化插秧,水稻生产过程中安装杀虫灯,前期稻田养鸭,后期稻田投放青蛙,水稻生产全程提倡使用有机肥替代部分化学肥料,使用稻鸭共育、理化诱控和生物农药等非化学防治措施,以减少化学农药和化学肥料的使用(图 1.1)。团山寺镇过脉岭村的四生粮食种植专业合作社流转土地 500 亩,种植一季晚稻糯稻,冬季种植绿肥,春季翻耕、干晒、沤泡,同样采用灯诱、稻田养鸭、投放青蛙等技术。

图 1.1　团山寺镇长安村绿色水稻种植基地

2015—2017 年,石首市植物保护站全程指导长生水稻种植专业合作社、四生粮食种植专业合作社开展水稻绿色生产，生产规模逐年增加，四生粮食种植专业合作社于 2016 年底提前进行有机转换产品认证申请。2016 年湖北宗尧生态农业集团有限公司在高基庙镇、东升镇流转土地 5900 亩，种植再生稻。2017 年湖北宗尧生态农业集团有限公司在高基庙镇尝试采用鸭蛙再生稻模式进行水稻绿色生产。

2018 年，高基庙镇百子庵村的霞松生态农业专业合作社，复制鸭蛙再生稻模式，取得成功（图 1.2）。石首市高级农艺师孙贤海在水稻绿色生产实践中，总结提炼出十项绿色防控集成技术：①秋冬种植绿肥紫云英。②酸性氧化电位水处理种子、营养土、秧盘，对其进行消毒。③翻耕、干晒、沤泡绿肥和稻蔸。④大棚基质集中育秧及机插秧。⑤安装杀虫灯诱蛾灭虫。⑥安装性诱捕器诱杀二化螟。⑦稻田养鸭控草。⑧田埂种植诱集植物香根草，显花植物波斯菊、硫华菊等。⑨释放赤眼蜂。⑩投放青蛙。并且，在 2018 年 5 月 21—23 日的湖北省农药减量控害暨水稻病虫害绿色防控技术培训班上正式介绍。

图 1.2 石首市高基庙镇百子庵村鸭蛙稻基地

第二章　鸭蛙稻绿色生产模式与技术

第一节　定　　义

鸭蛙稻绿色生产模式与技术是指在绿色农产品生产的环境条件和技术水平下，田间配套建设杀虫灯、性诱捕器；水稻 3 叶苗龄期栽插成活后 1～2 周，放入 1～2 周龄的雏鸭；利用雏鸭旺盛的杂食性，吃掉稻田内的杂草和害虫；利用鸭不间断的活动刺激水稻生长，产生中耕浑水的效果；鸭的粪便作为肥料，粪肥还田，"变废为宝"；水稻抽穗后收捕成鸭，放养青蛙；水稻生产全程提倡使用有机肥替代部分化学肥料，使用稻鸭共育、理化诱控和生物农药等非化学防治措施，以减少化学农药和化学肥料的使用，稻鸭共生期间避免使用化学农药；实现绿色防控、提高农业效益、提升水稻品质、改善生态环境等"多效合一"的绿色生态农业新模式。简单地讲，是指水稻生产前期、中期利用稻鸭共生，后期利用稻蛙共生，全程开展病虫草害绿色综合防控，实现"多效合一"的农业新模式。

第二节　产业特点

一、生态优先

鸭蛙稻示范区立足生态优先，发展水稻绿色生产。历经三年有机转换，过脉岭村的"五彩鸭蛙香稻"有机检测报告显示：100 项检测全部合格。所有示范区内生态明显好转，农田生物多样性逐步修复，沟渠明显可见小鱼、青蛙等，空中白鹭等鸟类的数量增多。

二、增产增收

示范区水稻持续增产、农户持续增收，三年调查数据显示：鸭蛙稻头季稻 530.5 千克/亩，再生稻 245 千克/亩，成鸭 23.8 千克/亩，鸭蛙稻米 10～60 元/千克，对比一季中稻每亩平均增产 200 千克，每亩平均增收 1000 元。

三、药肥"双减"

核心示范区采取有机种植，杜绝化学农药、化学肥料使用。示范区采取绿色种植，减量使用化学农药、化学肥料。

四、以粮为重

鸭蛙稻模式结合“一种两收”，以水稻增产为目的，产能大幅度增加，符合国家“藏粮于地、藏粮于技”的战略。对比稻虾共作模式，开挖虾沟破坏水田结构、重虾轻稻、管理粗放导致粮食产能降低，鸭蛙稻模式有明显优势。

五、协同融合

示范区连片规模发展，助推土地集并流转、规模经营，带动鸭和青蛙的健康养殖，打造“石之首鸭蛙香”公共品牌，有效延长产业链条，促进一二三产业融合发展。湖北省石首市高基庙镇百子庵村、团山寺镇长安村实行党支部引领合作社，带动小农户生产，高基庙镇百子庵村、喻家碑村等地带动贫困户发展鸭蛙稻模式，扶贫成效显著，经济效益和社会效益协同提高。

六、绿色发展

鸭蛙稻模式立足生态大保护，推行绿色、有机生产，以此为代表的绿色农业生产和模式由点到面扩展，为欠发达农区绿色发展提供研发动力，为国际交流提供平台。

第三节 类　型

一、鸭蛙再生稻模式

鸭蛙再生稻模式是指中稻“一种两收”的生产过程中，前期、中期利用稻鸭共生，后期利用稻蛙共生，全程开展病虫草害绿色综合防控，是一种绿色生产新模式(图 2.1)。

图 2.1　鸭蛙再生稻再生季抽穗

(一)品种选择

水稻品种:丰两优香1号、天两优616、隆两优华占、深两优5814、两优6326、新两优223等。

鸭品种:洞庭小麻鸭。

蛙品种:虎纹蛙。

(二)生产安排

1. 种植绿肥紫云英

秋冬种植绿肥紫云英(图2.2),于9月上旬至10月上旬播种,每亩用种量约1.75千克,拌细土撒施播种,开好三沟防渍水,于11月上旬再生稻收割后,每亩施用15千克12%过磷酸钙、5千克60%氯化钾肥料,配肥紫云英。

图2.2 秋冬种植绿肥紫云英

紫云英能根瘤固氮,鲜重最大时含氮量为0.3%,3000千克紫云英,可为水稻提供9千克纯氮,这是实现水稻减肥减药的基础。紫云英除了能为水稻提供有机氮肥以外,还能提供碳肥(碳肥又称青肥,在传统农业中,石首地区20世纪70年代前,有为水稻"打青肥"的习惯)。紫云英还可以提升土壤有机质、腐殖质含量,改善土壤通透性,提高氧化电位。紫云英盛花期能有效为天敌昆虫提供蜜源营养,培殖天敌。

2. 田埂种植诱集植物、显花植物

4月上、中旬可在田埂种植诱集植物香根草,也可种植芝麻、大豆、波斯菊、硫华菊等显花植物,以涵养寄生性天敌和捕食性天敌,达到保护天敌、控制害虫的目的(图2.3)。种植香根草前,将香根草地上部分剪至30~40厘米,根系剪至5~15厘米。株距80厘米,浅栽,以土覆盖香根草根部即可。整个生长季给香根草施基肥(磷肥与有机肥)1次,追施复合肥2~3次,每次施肥量每丛10克左右。当香根草过高时进行适度剪割,高度保持在150厘米左右。注意清除杂草,适当浇水以免影响种苗生长。香根草幼苗对水稻螟虫的引集作用较强,注意适当使用杀虫剂,保证香根草的生长和分蘖,可有效诱杀螟虫,降低田间种群基数。

图 2.3 种植诱集植物香根草、显花植物波斯菊等

3. 大棚基质集中育秧，机插秧，集中孵化鸭蛋

鸭蛙再生稻模式采取大棚基质集中育秧，机插秧。3 月中旬浸种，按 1∶(1.2～1.5)的比例用酸性氧化电位水浸种，即 1 千克种子用 1.2～1.5 千克酸性氧化电位水浸种 6 小时，之后按常规催芽流程操作(图 2.4)。石首地区一般采用中型育秧大棚，大棚面积 400 平方米，每棚摆放秧盘 1200 个，育秧约 25 天。秧苗 3 叶 1 心或 4 叶 1 心时，即可机插移栽，约 20 个秧盘机插 1 亩地，密度约为 14700 蔸/亩(图 2.5)。宽行密株，株行距为 30 厘米×(14～16)厘米。适合鸭子下田运动。插秧 1 天后，灌水 5 厘米左右保持到鸭子下田。

孵化鸭蛋工作宜交由乡镇集镇上的专业户集中孵化。选用体型小、活动力强的洞庭小麻鸭，28 天左右破壳，孵鸭专业户养护 7 天左右，运到基地分到农户(按面积每亩约 15 只发放)，集中育雏 7～12 天，下田前 5 天，每天试水(在喂养场所，做 0.33 米高的水围埂，进行试水)。石首地区一般按每 5 亩地建一个鸭舍，5 亩地外围田埂建围网，约 75 只鸭成群活动。这样在插秧 15 天以后，小鸭也达到 15 日龄以上，选择晴好天气，小鸭下田。秧、小鸭、深水三者配套，利于控制前期杂草。

图 2.4 酸性氧化电位水处理种子设备

图 2.5 大棚基质集中育秧和机插秧

4. 翻耕、干晒、沤泡绿肥和稻蔸，机整地

3 月下旬，提前翻耕。鸭蛙再生稻约于 4 月中旬机插秧，插秧前 10～15 天，紫云英达到生理鲜重最大，先用机械将紫云英打碎，再耕地翻压，保持 6～8 天，翻耕时土壤为黑褐色，待 6～8 天土壤变白，即达标准，后上水沤泡 3～5 天，再仔细整地、插秧（图 2.6）。这是鸭子下田前的重要控草技术措施，必须操作得当。插秧后，配合灌深水，可保持秧田近 1 个月基本不长杂草。分析机理可能有三个原因：一是干晒加绿肥发酵产生的高温可能造成杂草种子烧芽；二是绿肥发酵产生氢氰酸、硫氰酸，高温、高浓度抑制杂草种子活性；三是干晒加绿肥发酵导致地温高，部分杂草种子提前萌发，后经沤泡、机械整地等作用杀死幼草。

图 2.6 鸭蛙稻田耕整

5. 施生物有机肥

鸭蛙再生稻在全生育期内不单独施用化学氮肥。绿肥翻耕时，每亩施用 5%生物有机肥 80 千克，分蘖期施用 40 千克，头季稻收割前 15 天施用 40 千克作催再生芽肥料（图 2.7）。农户根据田间的实际情况施肥，施分蘖肥时，每亩用 2.5 千克尿素掺入有机肥中混合施用。氮肥和有机肥混合，起到缓施作用，肥料满足了水稻生长的需求，使水稻保持直立生长，抗病虫害的能力增强。

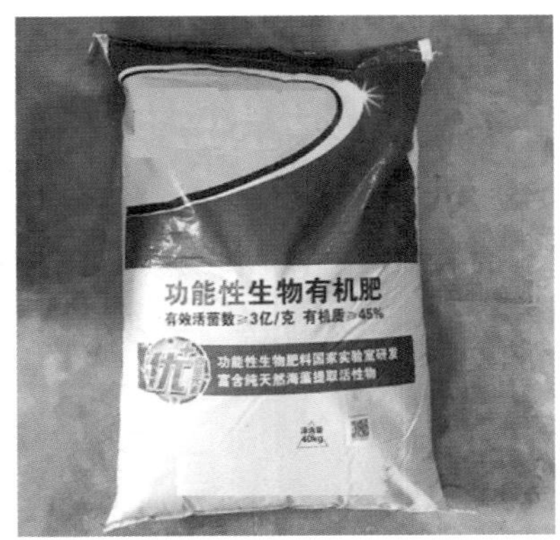

图 2.7 鸡粪、牛粪等腐熟有机肥

6. 安装杀虫灯诱杀害虫

灯诱装置全区域网格化布局，按每 30 亩配一套灯、灯距 100 米设置(图 2.8)。石首地区二化螟第 1 代发蛾期一般为 4 月中旬，根据此实际情况，要求杀虫灯于 4 月上旬开始正常工作，直至水稻收获结束。其间，要专人定时清扫灯管电网上的害虫，以利灯光光线的传播。灯诱对稻蓟马的防效可达 90%，可使二化螟的落卵量减少 40%～70%，同时对稻飞虱、稻纵卷叶螟也有较好的杀灭效果。太阳能频振式杀虫灯高峰期单灯诱虫 0.5 千克，单灯每年诱虫 5～10 千克。灯诱装置全区域网格化布控，能使二化螟的种群密度逐年下降。

图 2.8 灯诱

7. 安装性诱捕器诱杀害虫

性诱专一性强，全区域网格化布控性诱捕器，要求 4 月上旬开始工作，每亩设置一个，外围相距 30 米，内围相距 50 米即可(图 2.9)。性诱诱杀雄蛾，干扰雌雄正常交配，能减少二化螟的田间落卵量，减轻 50%～70%的危害。

图 2.9 性诱

8. 稻田养鸭

插秧后 15 天，每亩投放 12～15 只有 15 日龄的洞庭小麻鸭(图 2.10)。前期鸭子吞食田间的菌核、害虫及杂草种子和块根，减轻病虫草害。鸭子在田间活动，使泥浆附着于稻株茎基部，影响害虫的正常交配产卵，并且不利于纹枯病、稻曲病的侵染和扩展。据连续多年的观察，稻飞虱全生育期百蔸虫量在 300 头以下。鸭粪为生物有机肥，可增强水稻抗病虫害的能力。鸭子运动能刺激根系更发达，茎秆更粗壮，增强水稻抗倒伏的能力。晒田复水后，可观察到鸭子取食无效分蘖，效果好。

图 2.10 稻田养鸭

9. 投放青蛙

水稻齐穗后移鸭出田，7 月中旬投放青蛙，每亩投放 60～80 只约 40 克重的虎纹蛙

(图 2.11)。青蛙替代鸭子进行活动,在田间取食稻飞虱等害虫。水稻成熟收获后,青蛙完成使命,不对其进行捕捉,让其回归自然。

图 2.11 投放青蛙、蛙稻共养

种植绿肥,翻耕、干晒、沤泡,插秧后灌深水,稻田养鸭放蛙配套结合,能控制水稻全生育期的草害,对比普通直播稻"一封二杀三补"的化学除草效果还要好,可达 93%以上。

此模式下再生季不施用农药(除特殊年份外),不单独施用化肥,其他栽培管理措施相同。8 月上、中旬收割头季稻,留桩 35~40 厘米,与倒 3 叶叶枕平齐为宜,收割后及时灌水护苗,提高倒 2、倒 3 节位芽的成苗率,再生季齐苗后保持干湿交替。10 月下旬至 11 月上旬收割再生稻。头季收割宜早(水稻九成熟时可收割),以利于提高再生季的水稻产量、出米率及品质,再生季适宜迟收,以利于提高产量。

二、鸭蛙单季稻模式

鸭蛙单季稻模式是指一季晚稻"一种一收"的生产过程中,前期、中期利用稻鸭共生,后期利用稻蛙共生,全程开展病虫草害绿色综合防控,是一种绿色生产新模式。这种模式主要是针对气候适宜、地形独特、面积较小的丘陵或者山区。

采用这一模式的基地为石首市团山寺镇过脉岭村的四生粮食种植专业合作社,拥有 1099 亩的有机种植区。这里地势独特,是一种典型的丘陵加湖区结构,田块小,在四生粮食种植专业合作社承包前,农户都不愿意种植,基本被撂荒。四生粮食种植专业合作社依据石首地区的气候特点,种植一季晚稻,抽穗前高温高湿,有利于水稻的营养生长,抽穗后进入秋季,温差变化加大,光照好,有利于营养物质的积累,生产优质稻米。

(一)品种选择

水稻品种:紫糯稻、黑糯稻、黄糯稻、紫叶稻、鄂中 2 号、鄂中 5 号、余赤等优质稻非杂交品种。

鸭品种：洞庭小麻鸭。

蛙品种：黑斑蛙、虎纹蛙。

（二）生产安排

1. 种植绿肥紫云英

于9月上旬至10月上旬播种，每亩用种量约1.75千克，拌细土撒施播种。

2. 翻耕、干晒、沤泡绿肥

翻耕、干晒、沤泡绿肥在5月初进行，分两次，翻耕、干晒10天，沤泡5天，放水后再翻耕、干晒10天，沤泡5天，再整地插秧。这样控草效果十分好，插秧后20天内基本不长杂草。

3. 传统水育秧，人工插秧

于5月中、下旬浸种，浸种时同步孵鸭，6月中旬插秧，即秧龄25天左右时移栽，每亩栽1.6万～2.0万蔸，每蔸5～7根秧，栽后10～15天，此时鸭龄达10～15天。

4. 灯诱

每30亩配一盏灯，网格化布控，于4月上旬开始工作。

5. 性诱

每亩安装一个性诱捕器诱杀二化螟，网格化布控，于4月上旬开始工作。

6. 稻田养鸭

一季晚稻于6月中旬移栽，6月下旬放鸭入田，每亩投放约15只鸭，约100只鸭成群，每群放3～4只比该群鸭大1～2周的领头鸭，插秧后田间一直保持5～10厘米的水层。水稻分蘖高峰期晒田5～6天，移鸭入沟渠、堰塘，每平方米5～6只，水深要求0.5米以上。每6亩地约100只鸭成群，建鸭舍，鸭舍面积为3平方米。37℃以上的高温日，让鸭群在鸭舍躲避高温为好。

7. 投放青蛙

9月上旬投放青蛙，每亩投放60～80只约40克重的青蛙。水稻收获后，让其回归自然。

鸭蛙单季稻按有机标准种植，全程不施用农药，不施用化肥，也不施用有机肥。

鸭蛙单季稻10月5日左右抢晴收割，每亩产量达425千克左右。靠加工紫糯米糍粑和紫稻酒促进转化增值，实现有机产品的价值。

以下水稻栽培技术、鸭和蛙放养技术等生产技术以鸭蛙再生稻模式为例。

第三章 水稻栽培技术

第一节 环境条件

产地周边5千米以内无污染源，应远离城区、工矿区、交通主干线、工业污染源、生活垃圾场等。生态环境优良，土壤保水保肥能力较好，土壤有机含量2.5%以上，pH值为6.5～7.5，光照充足，旱涝保收。

第二节 品种选择

一、水稻品种选择

选用头季能高产、熟期适宜、品质优良、抗逆性强、适应性广、再生季再生能力强的品种。一般选择早中熟品种为主，生育期在135天以内。

二、主要品种

（一）丰两优香1号

特征特性：该品种属籼型两系杂交水稻。在长江中下游作一季中稻种植，全生育期平均130.2天，比对照Ⅱ优838早熟3.5天。株型紧凑，剑叶挺直，熟期转色好。株高116.9厘米，穗长23.8厘米，每亩有效穗数16.2万穗，每穗总粒数168.6粒，结实率82.0%，千粒重27.0克。

抗性：稻瘟病综合指数7.3级，穗瘟损失率最高9级；白叶枯病平均6级，最高7级。高感稻瘟病，感白叶枯病。

米质主要指标：整精米率61.9%，长宽比3.0，垩白粒率36%，垩白度4.1%，胶稠度58毫米，直链淀粉含量16.3%。

产量表现：2005年参加长江中下游中籼迟熟组品种区域试验，平均亩产548.32千克，比对照Ⅱ优838增产5.56%（极显著）；2006年续试，平均亩产589.08千克，比对照Ⅱ优838增产6.76%（极显著）；两年区域试验平均亩产568.70千克，比对照Ⅱ优838增产6.17%。2006年生产试验，平均亩产570.31千克，比对照Ⅱ优838增产7.80%。

适宜种植范围：该品种熟期较早，产量高，米质较优。适宜在江西、湖南、湖北、安徽、浙江、江苏的长江流域稻区（武陵山区除外）以及福建北部、河南南部稻区的稻瘟病、白叶枯病轻发区作一季中稻种植。

（二）天两优616

特征特性：该品种属籼型两系杂交水稻。在长江中下游作一季中稻种植，全生育期平均131.4天，比对照Ⅱ优838短2.5天。株型适中，熟期转色好。株高123.8厘米，穗长24.6厘米，每亩有效穗数17.2万穗，每穗总粒数165.3粒，结实率80.7%，千粒重27.2克。

抗性：稻瘟病综合指数5.6级，穗瘟损失率最高9级；白叶枯病7级；褐飞虱9级；抽穗期耐热性7级。高感稻瘟病，感白叶枯病，高感褐飞虱。

米质主要指标：整精米率65.2%，长宽比2.9，垩白粒率25.3%，垩白度4.6%，胶稠度78毫米，直链淀粉含量15.8%，达到国家《优质稻谷》标准3级。

产量表现：2009年参加长江中下游中籼迟熟组品种区域试验，平均亩产591.0千克，比对照Ⅱ优838增产6.1%（极显著）；2010年续试，平均亩产560.1千克，比对照Ⅱ优838增产3.2%（极显著）；两年区域试验平均亩产575.6千克，比对照Ⅱ优838增产4.6%。2010年生产试验，平均亩产541.4千克，比对照Ⅱ优838增产1.0%。

适宜种植范围：适宜在江西、湖南、湖北、安徽、浙江、江苏的长江流域稻区（武陵山区除外）以及福建北部、河南南部稻区的稻瘟病、白叶枯病轻发区作一季中稻种植。

（三）隆两优华占

特征特性：该品种属籼型两系杂交水稻。在长江上游作一季中稻种植，全生育期平均157.9天，比对照F优498长3.6天。株高107.6厘米，穗长22.8厘米，每亩有效穗数16.6万穗，每穗总粒数183.5粒，结实率81.6%，千粒重25.9克。

抗性：稻瘟病综合指数两年分别为2.8级、2.8级，穗瘟损失率最高3级；褐飞虱7级。中抗稻瘟病，感褐飞虱。

米质主要指标：整精米率67.3%，长宽比3.0，垩白粒率8%，垩白度1.3%，胶稠度84毫米，直链淀粉含量16.6%，达到国家《优质稻谷》标准2级。

产量表现：2014年参加长江上游中籼迟熟组品种区域试验，平均亩产616.5千克，比对照F优498增产3.9%；2015年续试，平均亩产634.8千克，比F优498增产3.3%；两年区域试验平均亩产625.7千克，比F优498增产3.6%。2016年生产试验，平均亩产

594.6千克，比F优498增产4.8%。

适宜种植范围：适宜在四川省平坝丘陵稻区，贵州省、云南省的中低海拔籼稻区，重庆市海拔800米以下的地区，陕西省南部稻区（武陵山区除外）作一季中稻种植。

（四）深两优5814

特征特性：该品种属籼型两系杂交水稻。在长江上游作一季中稻种植，全生育期平均158.7天，比对照F优498长4.7天。株高109.0厘米，穗长24.8厘米，每亩有效穗数16.4万穗，每穗总粒数192.9粒，结实率80.3%，千粒重25.6克。

抗性：稻瘟病综合指数两年分别为6.5级、5.0级，穗瘟损失率最高7级；褐飞虱9级。感稻瘟病，高感褐飞虱。

米质主要指标：整精米率63.4%，长宽比2.9，垩白粒率22%，垩白度2.9%，胶稠度83毫米，直链淀粉含量17.8%，达到国家《优质稻谷》标准2级。

产量表现：2014年参加长江上游中籼迟熟组品种区域试验，平均亩产610.4千克，比对照F优498增产3.9%；2015年续试，平均亩产637.3千克，比F优498增产2.8%；两年区域试验平均亩产623.9千克，比F优498增产3.4%。2016年生产试验，平均亩产598.4千克，比F优498增产4.7%。

适宜种植范围：适宜在四川省平坝丘陵稻区，贵州省、云南省的中低海拔籼稻区，重庆市海拔800米以下的地区，陕西省南部稻区（武陵山区除外）作一季中稻种植。

（五）两优6326

特征特性：该品种属籼型两系杂交水稻。在长江中下游作一季中稻种植，全生育期平均129.6天，比对照Ⅱ优838早熟4.6天。株型适中，茎秆粗壮，长势繁茂，叶色浓绿，剑叶挺直，熟期转色好。株高120.0厘米，穗长24.3厘米，每亩有效穗数15.4万穗，每穗总粒数178.7粒，结实率82.9%，千粒重27.2克。

抗性：稻瘟病综合指数7.2级，穗瘟损失率最高9级；白叶枯病7级。高感稻瘟病，感白叶枯病。

米质主要指标：整精米率65.9%，长宽比3.0，垩白粒率27%，垩白度3.2%，胶稠度50毫米，直链淀粉含量14.8%。

产量表现：2005年参加长江中下游中籼迟熟组品种区域试验，平均亩产581.18千克，比对照Ⅱ优838增产7.46%（极显著）；2006年续试，平均亩产573.75千克，比对照Ⅱ优838增产4.39%（极显著）；两年区域试验平均亩产577.46千克，比对照Ⅱ优838增产5.92%。2006年生产试验，平均亩产549.21千克，比对照Ⅱ优838增产3.73%。

适宜种植范围：该品种熟期较早，产量高，米质较优。适宜在江西、湖南、湖北、安徽、浙江、江苏的长江流域稻区(武陵山区除外)以及福建北部、河南南部稻区的稻瘟病、白叶枯病轻发区作一季中稻种植。

(六)新两优223

特征特性:该品种属籼型两系杂交水稻。在长江中下游作一季中稻种植,全生育期平均134.4天,比对照Ⅱ优838短1.1天。株型适中,长势繁茂,叶色浓绿,熟期转色好,叶鞘无色。株高129.9厘米,穗长25.7厘米,每亩有效穗数15.9万穗,每穗总粒数176.5粒,结实率81.1%,千粒重29.5克。

抗性:稻瘟病综合指数6.2级,穗瘟损失率最高9级;白叶枯病7级;褐飞虱9级。高感稻瘟病,感白叶枯病,高感褐飞虱。

米质主要指标:整精米率45.9%,长宽比2.9,垩白粒率39%,垩白度4.6%,胶稠度74毫米,直链淀粉含量16.1%。

产量表现:2007年参加长江中下游中籼迟熟组品种区域试验,平均亩产593.5千克,比对照Ⅱ优838增产4.9%(极显著);2008年续试,平均亩产623.81千克,比对照Ⅱ优838增产8.6%(极显著);两年区域试验平均亩产608.6千克,比对照Ⅱ优838增产6.75%。2009年生产试验,平均亩产579.7千克,比对照Ⅱ优838增产7.2%。

适宜种植范围:该品种熟期适中,产量高,米质一般。适宜在江西、湖南、湖北、安徽、浙江、江苏的长江流域稻区(武陵山区除外)以及福建北部、河南南部稻区的稻瘟病、白叶枯病轻发区作一季中稻种植。

第三节 播种育秧

壮秧是水稻获得高产的基础,壮秧增产的作用,主要表现在健壮的秧苗栽插后返青活棵快,分蘖发生早,低位分蘖多,穗型大。同时,健壮的秧苗生理机能强,对不良环境条件的抗逆能力强。

(一)壮秧标准

秧苗生长整齐,不徒长,秧苗挺拔且富有弹性;叶片宽大而不披垂,叶色青绿,叶鞘较短,秧苗茎基部粗壮扁平;根系发达、短粗,白根多,无黑根、腐根;分蘖能力强,叶龄适中;无病虫害。

(二)育秧方式

育秧方式有多种,如塑料硬盘育秧、塑料软盘育秧等。可采用温室或大棚集中育秧

(图 3.1),也可薄膜保温育秧。塑料硬盘集中育秧具有不受前茬作物影响、节省用地、节省用工、节约用水、节约成本、提高土地利用率、减轻劳动强度、提高育秧效率、提高秧苗质量等优点。

图 3.1　大棚集中育秧壮秧

(三)苗床选择

地势平坦,灌溉方便,水源充足干净,交通通畅,便于运秧。秧田与大田按 1∶(120~130)的比例配置。

(四)播种时间

鸭蛙再生稻于 3 月中、下旬播种。有温室或大棚育秧条件的最佳播种期在 3 月 20 日左右,最迟不得超过 4 月 5 日。

(五)播种量

每亩大田用种 1.5~2.0 千克。

(六)种子处理

(1)晒种。浸种前晒种 1 天,以提高种子活力。

(2)浸种。用酸性氧化电位水浸种(图 3.2 和图 3.3),可促进种子快速发芽,且整齐、健壮。种子和水的体积比为 1∶(1.2~1.5),即 1 千克水稻种子用 1.2~1.5 千克酸性氧化电位水浸种,清除秕粒浮物,暗处静置,浸泡 6 小时。浸种结束后,进行常规的催芽和育秧流程。

浸泡工具以塑料桶为宜,若是铁桶或水泥池要用塑料薄膜隔离,或者喷刷绝缘漆(防止酸性氧化电位水接触放电)。酸性氧化电位水当天生产当天使用为佳,否则密封保存于深色塑料桶内,3 天内使用完。

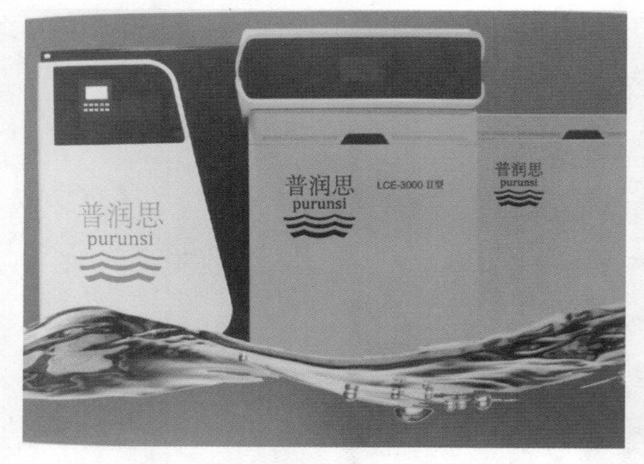

图 3.2 酸性氧化电位水制造设备

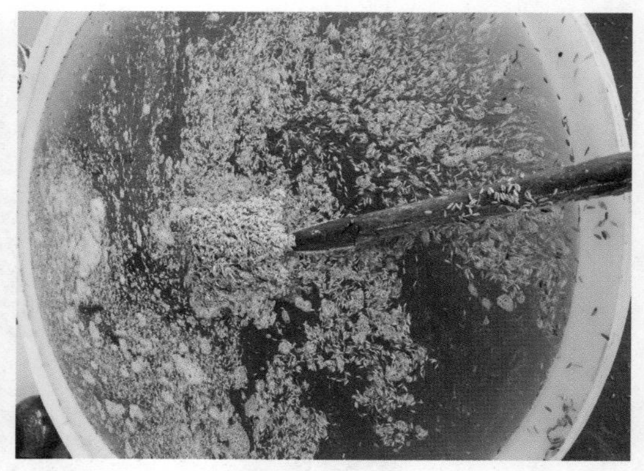

图 3.3 水稻种子用酸性氧化电位水浸种

（七）播种育秧

将选好的苗床整平，以便于秧盘的摆放，育秧基质为水稻专用育秧基质，在室内或棚内通过自动流水线播种(图 3.4)。每亩准备秧盘 22～25 个，每盘播种量 80～90 克。播种后集中堆放、暗化 3 天左右，待出芽整齐后散盘(图 3.5)。晴天上午 9:00 前或下午4:00后搬运排放秧盘并整齐摆放，留好操作通道。秧盘摆好后一次性喷足水分，并覆盖薄膜保温保湿。

图 3.4 机械化流水线播种作业

图 3.5 堆放暗化催芽

（八）秧田管理

水稻秧田期可分为三个阶段：芽期、幼苗期和成苗期。芽期保持苗床湿润，可采用“晴天满沟水，阴天半沟水，雨天排干水，烈日跑马水，大风大雨灌深水”的管理模式。幼苗期主要是增加氧气，促发新根，防止死苗，采取露田与浅灌相结合的方式，并在 1 叶 1 心时施断奶肥。成苗期是指 3 叶期至移栽前，此时要注意保持苗床湿润，防止排水过急造成青枯死苗。移栽前视情况施送嫁肥。育秧期间主要是控制温度，防止高温烧苗；保证湿度，防止缺水死苗(图 3.6)；另外，还要注意做好病虫害防治及鼠、鸟的防治工作。

图 3.6 加强育秧期间水分管理

第四节 适时栽插

一、整地施肥

在鸭蛙稻绿色生态农业模式下，采用秋冬种植绿肥的方式恢复地力、改良土壤。一般种植紫云英、苕子、油菜等作绿肥，紫云英、苕子、油菜应在盛花期时翻耕整田(图 3.7)。施肥量依据土壤肥力状况酌情施用，肥力较好的田块可适当少施，肥力较差的田块可增加施肥量。整地时对土壤肥力较差的稻田可以每亩施用腐熟好的农家肥、商品有机肥、沼渣等有机肥 1～2 吨或腐熟的饼肥 50 千克(图 3.8)。机械耕整、耙平后静置待插。

图 3.7 翻耕、沤泡绿肥和稻茬

图 3.8 增施有机肥

二、移栽与密度

移栽时要求嫩苗早插，秧龄控制在25天左右，叶龄3～4叶。使用机械插秧(图3.9)，株行距为30厘米×(14～16)厘米，每亩插18～20盘秧，每亩约插1.4万蔸，每蔸插3苗左右，保证有4万以上的基本苗。插秧后，要加强田间管理(图3.10)。

图3.9 机械插秧

图3.10 田间管理

第五节 适时收割

一、头季收割

鸭蛙再生稻模式为确保再生稻高产，再生稻必须在9月15日以前安全齐穗，因此头季稻必须在8月15日以前收割(图3.11)。头季稻收割时只割一个节(保留蔸高40～50厘米)，保住倒2节，依靠倒3节，争取倒4节，促使腋芽萌发(图3.12)。机械收割时，科学规划收割路径，减少机械碾压。选用能碎草的收割机，边割边碎草，做到秸秆还田、保墒肥田。

鸭蛙单季稻模式待充分成熟后机械收割，一般在10月下旬前后，做到秸秆还田。

图3.11 机械收割头季稻

图3.12 促进再生稻萌芽生长

二、再生季管理和收割

在头季稻收割前 10 天左右施促芽肥，每亩施尿素 7.5～10.0 千克，钾肥 5.0～7.5 千克。收割后及时复水，视苗情追施提苗肥，每亩施尿素 3.0～7.5 千克，确保再生芽正常生长，防止稻蔸干裂。在再生季秧苏长出后要重点防治稻飞虱和纹枯病。再生季于 10 月下旬至 11 月上旬收割(图 3.13)。

图 3.13 再生稻成熟

第四章　鸭和蛙放养技术

第一节　鸭子放养技术

一、品种选择

一般选择适应能力强的鸭品种，并且为了避免鸭吃秧苗和压苗，要根据实际情况选择体型较小的鸭品种。建议选择江南麻鸭、绍兴鸭、巢湖鸭等品种，成年鸭体型小巧，在稻田里穿行灵活，食量较小，成本较低，露宿抗逆性强，适应性较广，成活率高；公鸭生长快，肉质鲜嫩，母鸭产蛋率高。

(一)江南1号、江南2号麻鸭

江南1号麻鸭和江南2号麻鸭是由浙江省农业科学院畜牧兽医研究所陈烈先生主持培育成的高产蛋鸭配套系(图4.1)。这两种鸭的特点是产蛋率高，高峰持续期长，饲料利用率高，成熟较早，生命力强，适合我国农村的饲养条件。江南1号雏鸭黄褐色；成鸭羽深褐色，全身布满黑色大斑点。江南2号雏鸭绒毛颜色更深，褐色斑更多；成鸭羽浅褐色，并带有较细而明显的斑点。江南1号母鸭成熟时体重为1.6～1.7千克。产蛋率达90%时的日龄为210天左右。产蛋率达90%以上的高峰期可保持4～5个月。500日龄的母鸭产蛋量为305～310枚，总蛋重为21千克。江南2号母鸭成熟时体重为1.6～1.7千克。产蛋率达90%时的日龄为180天左右。产蛋率达90%以上的高峰期可保持9个月左右。500日龄的母鸭产蛋量为325～330枚，总蛋重为21.5～22.0千克。

(二)绍兴鸭

绍兴鸭(图4.2)为蛋用型品种，原产于浙江绍兴、萧山等地。目前，江西、福建、湖南、广东、黑龙江等十几个省均有分布。该鸭体躯狭长，母鸭以麻雀羽为基色，公鸭羽色深褐。初生重36～40克，成年公鸭的体重为1.3～1.4千克，成年母鸭的体重为1.2～1.3千克。140～150日龄的母鸭产蛋率可达50%，平均每年产蛋250枚，平均蛋重为68克。蛋壳为白色或青色。公母配种的比例为1∶(20～30)，种蛋受精率为90%左右。

图 4.1 江南麻鸭

图 4.2 绍兴鸭

二、建设鸭子围栏

(一)鸭群大小的确定

由于鸭具有群集性,若放养的群体过大,当鸭群受惊乱窜时,踩伤稻苗会严重影响水稻的生长和分蘖。为了让单位面积内鸭子对稻田病虫草害控制的效果达到最佳,要求定量放养鸭子。根据区域试验结果,每亩放养 12～15 只,能较好地兼顾稻田饲料的供应量和对稻田杂草、病虫害的控制效果,并最终达到较好的社会经济效益。一般以 60～75 只为一群,以便达到对稻苗损伤少,并能较好地控制稻田杂草和病虫害的目的。因此,稻鸭共育以 4～6 亩为一个单元进行围栏。

(二)制作田间围栏

1. 围栏的目的和作用

一是便于管理,防止鸭子外逃,避免鸭群过大而影响水稻的生长;二是使鸭群固定在一定面积的田块内活动,便于有效地控制田块内的杂草和病虫害;三是可相对减少鸭子的活动量,有利于后期鸭的育肥;四是鸭群的相互隔离,可有效减少鸭的传染性疾病,提高成活率;五是避免黄鼠狼、蛇类、鼠类、野猫、狐狸和狗等外敌伤害鸭子,减少对鸭群的惊扰。

2. 围栏的种类

根据围栏所用的材料不同,围栏可分为铁丝网围栏、尼龙网围栏、荆棘围栏、竹篾围栏等。建议采用浸塑铁丝网围栏,孔径 3～5 厘米,一次投入可以使用 3～5 年。

3. 围栏的范围

一般以 4～6 亩为一个单元,在四周田埂上进行围栏。

4. 围栏时间

围栏的时间可安排在插秧之后、放鸭之前进行。

5. 围栏方法

用浸塑铁丝网或尼龙网等材料制作鸭子围栏(图 4.3 和图 4.4),鸭子围栏高 50～60 厘米,预留机械、人员生产操作活动出口,间隔打入固定桩。

图 4.3 用铁丝网制作鸭子围栏

图 4.4 用木栅栏制作鸭子围栏

三、建设鸭舍

(一)搭建鸭舍的目的

为了使露宿在稻田中的鸭子有一个短暂休息的地方,通常要在围栏区田块的中间或田块的一端或田边的空地上搭一个供鸭子休息或躲避风雨、补充饲料的场所。

(二)建设时间

宜在插秧后、投放雏鸭前建设好。

(三)鸭舍及活动场地建设

鸭舍的建设要求能方便鸭子自由出入,能便于人员对鸭子投喂饲料和进行管理,能挡风、避雨。因此地势要求比田面高出 10～20 厘米。每个单元利用稻草、竹木等当地的简易材料修建一个鸭舍(图 4.5 和图 4.6)。鸭舍占地 1.5～2.0 平方米为宜,以长方形为好,鸭舍高度 1.5 米左右为宜,地面要垫上砖头、木板、竹架板或稻草等。鸭舍与稻田水面之间最好留有0.5～1.0米的距离,鸭群上岸后能抖落掉身上的泥水,以免将泥水带入鸭舍内。

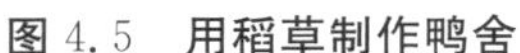

图 4.5 用稻草制作鸭舍

图 4.6 用竹木制作鸭舍

四、育雏

（一）时间安排

在鸭蛙单季稻模式下，浸种时同步孵鸭；在鸭蛙再生稻模式下，浸种前 7～10 天起孵，待秧苗成活分蘖后将 1～2 周龄的雏鸭放入稻田。

放养之前，雏鸭放在鸭舍里集中饲养，可用米饭、碎米饲养，3～5 日龄的雏鸭需要补喂青饲料和动物性饲料，并且还要注意保温。

（二）鸭子育雏（图 4.7）

1. 适时“开水”和“开食”

刚出壳的雏鸭，绒毛干后约 20 小时，即可开始第一次饮水、喂食，分别被称为“开水”和“开食”，一般是先“开水”后“开食”。“开水”的方法有两种，第一种方法是把雏鸭放进鸭篓内，每篓 40～50 只，将雏鸭连同鸭篓慢慢浸入水中，使水没过脚趾，但不能超过膝关节，让雏鸭在浅水中自由饮水活动 5～10 分钟，然后将鸭篓端起来，让其理毛，放在垫草上休息片刻后就可以“开食”；第二种方法是将雏鸭放到潮湿的塑料布上，塑料布四周的下面垫竹竿和木条使水不外流，然后向雏鸭身上喷洒温水，这时雏鸭的绒毛上形成一颗颗晶亮的水珠，任其相互吮吸，以达到“开水”的目的。“开食”时间一般常在饮水后 15 分钟进行。“开食”的方法是先洒点水使塑料布略带潮湿，然后将雏鸭放到塑料布上，一边轻撒饲料，一边吆喝调教，引诱雏鸭啄食，一次不能吃得太多，六七成饱就可以了。“开食”2～4 天就可以给雏鸭喂青饲料，如水草、青菜、浮萍等。

图 4.7 鸭子育雏

2. 掌握合适的温度，切忌忽冷忽热

刚出壳的雏鸭体小、娇嫩，全身只有绒毛，自身调节体温的能力较弱，很难适应外界温度的变化，直到 4～5 天后雏鸭才逐步建立起自己的体温调节能力。因此，要根据实际情况，实行人工保温。育雏的适宜温度：1 日龄的雏鸭适温为 28～26℃；2～7 日龄为 26～22℃；8～14 日龄为 22～18℃；15～21 日龄为 18～12℃。温度以平稳为宜，切不可时高时低，尤其是第 7～10 天最为关键。雏鸭的保温很重要，是育雏成功的关键措施之一。育雏后期要逐步降低温度，最后达到完全脱温，使雏鸭逐步适应在自然温度下生活。雏鸭在 4～5日龄时，体温调节能力逐渐加强，因此，必须将培育的温度适当降低。在外界气温高时，可以让雏鸭外出下水嬉戏，但在夜晚，尤其是在凌晨 2：00—3：00，气温较低时要注意适当加温，以免雏鸭受凉。一般饲养的夏鸭，在 1～2 周龄时就可以下田工作了。

3. 及时分群，严防堆压

雏鸭常因温度不适应，互相堆挤，越挤堆越大，被挤在中间或压在下面的鸭，重则窒息死亡，轻则全身湿毛，稍有不慎，便感冒致病。管理人员要随时注意，尤其在雏鸭临睡前和刚睡着后，要多次检查，发现堆挤，要及时分开。分堆工作从育雏开始，是提高成活率的重要一环。

4. 调教下水，逐步锻炼

雏鸭的下水和放牧是为了让鸭群提早适应外界环境，有利于雏鸭在稻田间健康生长。开始的 1～5 天，可以与雏鸭饮水相结合。在室外铺一张四边垫高的塑料布，中间倒上清水，水深 2 厘米左右，让太阳晒一会儿，待水稍温后再把雏鸭放进去。用这种方法连续几天后，雏鸭就习惯自由下水活动了。7 天后水深可以达到 30 厘米，但要注意每次下水上来后都要让雏鸭在无风暖和的地方梳理羽毛，使身上的湿毛尽快干燥后入窝休息。经过锻炼的雏鸭，大大提高了在稻田里生活的适应能力。为了使雏鸭听人召唤，每次喂食前都要给一个信号，久而久之，建立了条件反射，就能做到呼之即来，这样便于鸭群的放牧管理。

五、放鸭密度和时间

每亩放鸭 12～15 只;放鸭时间应该在上午 9:00—10:00,此时放鸭能使鸭子较好地适应气温和水温的变化(图 4.8)。

图 4.8 田间投放鸭子

六、放水深度

稻田水深以鸭脚刚好能触到泥土为宜,使鸭子在活动过程中充分搅拌泥土,利用鸭子不间断的活动产生中耕效果,刺激水稻生长。随着鸭的成长,水的深度也随之增加,整个田面都要保留水层,同时还要防止水污染和变质。

七、补充投喂

在放鸭入稻田的初始阶段和晒田阶段,先根据杂草及浮萍的品种、数量等情况,判断鸭子的自由采食量和获得营养量,再根据鸭子的不同生长阶段对营养的需求,适当选用小麦、碎玉米、米糠等补充投喂(图 4.9)。其他阶段,可通过调整鸭子的密度,确保鸭子主动取食并能吃饱。

图 4.9 鸭子回鸭舍补充投喂、休憩

八、及时收捕

水稻抽穗后将鸭子从稻田里收回，以防鸭子吃稻穗。为方便收鸭，平时可用哨声训练鸭群集拢。

第二节　青蛙助养投放技术

一、青蛙品种

（一）黑斑蛙

黑斑蛙（图 4.10）是蛙科、侧褶蛙属的两栖动物。黑斑蛙成蛙体长一般为 7～8 厘米，体重为 50～60 克，最大个体重为 100 克左右。一般情况下，同龄黑斑蛙的雌蛙比雄蛙大。黑斑蛙的身体分为头、躯干和四肢三部分，成体无尾。黑斑蛙四肢由两前肢、两后肢组成。前肢短，指侧有窄的缘膜；后肢较长，趾间几乎为全蹼。黑斑蛙喜群居，常常几只或几十只栖息在一起。在繁殖季节，黑斑蛙成群聚集在稻田、池塘的静水中抱对、产卵。白天黑斑蛙常躲藏在沼泽、稻田、池塘等水域的杂草、水草中，黄昏后或夜间出来活动、捕食。一般 11 月开始冬眠，钻入向阳的坡地或离水域不远的沙质土壤中，深 10～17 厘米，在东北寒冷地区黑斑蛙可钻入沙土中 120 厘米以下，次年 3 月中旬出蛰。蝌蚪期为杂食性，植物性、动物性食物都能摄食。蝌蚪孵出后，主要靠吸收卵黄囊的营养维持生命，3～4 天后开始摄取水中的单细胞藻类和浮游生物等食物。蝌蚪变态成幼蛙后，因为蛙眼的结构特点，决定了成体黑斑蛙只能捕食活动的食物。食物以节肢动物门昆虫纲动物最多，如鞘翅目、双翅目、直翅目、半翅目、同翅目、鳞翅目昆虫等，还吞食少量的螺类、虾类，脊椎动物中的鲤科、鳅科鱼类，以及小蛙、小蜥蜴等。

（二）虎纹蛙

虎纹蛙（图 4.11）别名水鸡，因身上的斑纹看上去略似虎皮，因此而得名。雌性的虎纹蛙要比雄性的体型大，成年后的虎纹蛙体长可达 12 厘米，体重一般为 250～500 克。皮肤比较粗糙，头部及体侧有深色不规则的斑纹。背部呈黄绿色略带棕色，有十几行纵向排列的肤棱，肤棱间散布小疣粒。虎纹蛙的腹面呈白色，也有不规则的斑纹，咽部和胸部还有灰棕色斑纹。雄蛙具外声囊一对。虎纹蛙的头部一般呈三角形，头端部较尖，头与躯干没有明显的界线。口十分宽大，除捕食外，一般很少张开。眼睛位于头的背侧或头两侧，上方和下方都有眼睑，与眼睑相连的还有向内折叠的透明瞬膜，在潜水时，瞬膜上移可以盖住眼球。外鼻孔上有一个鼻瓣，可以随时开闭，以此控制气体的进出。雄性的咽喉侧部有一对淡蓝色囊状突起物，叫作声囊，是一种共鸣器，能让喉部发出如犬吠一样的洪亮叫声，起到吸引雌性的作用。躯干部有两对肢体，前后肢有横斑。前肢稍短、粗壮，各有 4 趾，指垫发达，呈灰色，主要起支撑身体前部的作用，还能协助捕食及游泳时身体保持平衡。后肢较长，各有 5 趾，趾端尖圆，趾间具全蹼，主要是在水中游泳和在陆地上跳跃时起推进作用。

图 4.10 黑斑蛙

图 4.11 虎纹蛙

二、青蛙助养

每 1000 亩鸭蛙稻绿色生产基地配套建设 1 个青蛙集中助养基地(图 4.12)。

图 4.12 青蛙集中助养基地

(一)池塘建设

1. 孵化池的建设

根据蝌蚪孵化数量来设定孵化池的大小，通常孵化池的面积要求在 1 亩以上。水体过小，水质不易稳定。

2. 养殖池的建设

养殖池的大小一般以200平方米为宜，东西走向，同时每个池塘均应设有进排水管道。池塘高40～50厘米，池塘中间有环沟，环沟宽约60厘米、深约40厘米，中间留出3～5米宽的滩涂，供青蛙夏天上岸休息使用。在滩涂上方布置遮阳网，高约80厘米，或种植水稻，主要用于夏天遮阳、防高温。每个蛙池之间用40目以上的网片分隔开，高约1米。同时整个养殖场用围网架起网棚，进行封闭式管理，避免鸟类捕食青蛙。

（二）孵化方法

青蛙繁殖时间一般集中在3—4月。每天清晨收集卵块，应在产卵后2～3小时内采卵。这时受精卵外的卵膜已充分吸水膨胀，受精卵可以在卵膜中转位，从而使受精卵的动物极朝上，植物极朝下（受精卵的动物极呈黑褐色，朝向上方，植物极呈乳白色或淡黄色，朝向下方）。注意不要随意翻转卵块，避免受精卵的动物极和植物极发生颠倒。孵化池水深约50厘米，池中可放置网箱进行孵化，网箱材料采用100目以上的尼龙网。架设网箱时，网箱上下全部固定，避免风吹导致网箱晃动。网箱中间放置塑料筐，用于盛放卵块。通常一个塑料筐中放5～10个卵块，每个卵块约2000粒卵。若没有准备充足的孵化池，也可将卵块直接移至成蛙养殖池，养殖池水位要保持最高水位。此时的投放密度一般为每平方米投放0.2～0.5个卵块。将卵块投放于塑料筐中，同时塑料筐固定在环沟中。

（三）蝌蚪养殖技术

1. 蝌蚪选择

在青蛙养殖的过程中，蝌蚪的选择尤为重要。首先，须选择经过驯养吃人工配合饲料的种蛙繁殖的后代。其次，选择体质健壮、破膜后5～7天的蝌蚪，此时蝌蚪规格大，卵黄吸收完全，运输过程中损失少。蝌蚪入蛙池前，先将氧气袋放入池中，等水体平稳后再投放蝌蚪，蝌蚪的投放数量在200～500尾/米^2。以投放同一批次的蝌蚪为宜，避免后期蝌蚪生长发育的差异导致成活率低，驯食困难。

2. 投喂管理

投放蝌蚪后即开始投喂40%的蛋白质饲料，每天分早、晚投喂2次，晚上投喂量的比例占60%以上。开始投喂量为每20万尾蝌蚪投喂1千克，以后再逐步增量。在每餐投喂时，做到无剩料即可。如果出现蝌蚪断尾，则表明食物不够，为蝌蚪互相残杀、撕咬所致。在投喂过程中，要坚持拌喂保肝护肠的药物，以利于蝌蚪肠道健康，增强蝌蚪体质。蝌蚪养殖约45天后，四肢开始发育，此时的饲料可以配合粒径1.1毫米的青蛙颗粒饲料进行投喂，投喂比例由10%逐渐增至100%，直到四肢生长发育完成。

3. 水质管理

蝌蚪养殖周期一般在55天左右。由于蝌蚪以鳃呼吸为主，皮肤为辅助呼吸器官，因此一定要保证水体充足的溶氧含量。而蛙池水体偏小，饲料又有一定的散失，很容易导致池塘水质过肥。在养殖过程中需要持续调水，避免水体 pH 值偏高、藻类过多、溶氧不足，以防蝌蚪出现应激、缺氧等症状。保持水质透明度在 15～20 厘米，必要时采取换水操作。如果抽取地下水换水，建议添加防应激药物，避免因水温变化以及水体二氧化碳含量大导致蝌蚪出现应激反应或者死亡。

4. 疾病预防

选择专用的或者无鳞鱼类专用的杀车轮虫药物杀灭寄生虫。及时更换水体，保持水质清新，水质过肥时使用药物调节水质，防止气泡病。

（四）变态期管理技术

1. 变态期的特殊性

变态期是指随着蝌蚪四肢发育完全，幼蛙逐渐开始登陆的一段时期，这个阶段约为 15 天。此阶段应将蛙池水体排出，仅保留环沟里面的水体。此阶段是青蛙人工养殖过程中最为重要的阶段，这个阶段的顺利与否决定了青蛙是否能够驯化成功。当蝌蚪尾巴消失后，即进入幼蛙阶段。幼蛙是以动物性食物为食，只捕捉活动物体。当同一蛙池内幼蛙出现明显规格分化时，则会出现大蛙吃小蛙的情况，同时幼蛙拒绝上食台摄食。因此，在蝌蚪培育阶段，均匀投喂、保证营养充足显得极为重要。

2. 幼蛙分池

为保证幼蛙能够有效摄食，当幼蛙数量过多时，应及时分池，养殖密度以 100～200 尾/米^2 为宜。若蛙池中大部分青蛙能够自由活动时，需要将尾巴未消失的青蛙转移或者淘汰掉，避免青蛙残食体质弱、变态还未完成的幼蛙，导致驯食失败。

3. 食台搭建

食台分为固定式食台和非固定式食台两种。固定式食台的好处是搭建比较省时、省力，食台比较耐用；非固定式食台的好处是便于清理，如果出现损坏也易于更换。使用的网布一般在 100 目以上。无论搭建哪种食台，网布都必须绷紧，使青蛙在食台活动时，饲料能够移动，引起青蛙摄食。

（五）成蛙养殖技术

1. 投喂管理

上岸后青蛙开始摄食，可选择粒径 1.7 毫米的饲料，每天分早、晚投喂 2 次，投喂量为青蛙体重的 5%左右；青蛙规格达到 40～100 尾/千克时，可选择粒径 2.3 毫米的饲料；青蛙规格达到 20～40 尾/千克时，可选择粒径 3 毫米的饲料。每次摄食时间约 30 分钟，视吃食情况对投喂量进行增减。同时在投喂饲料过程中，要定期拌喂肝肠利健或者调节肠道菌群的药物，以维护青蛙肝肠的健康。

2. 水质管理

此时水体多以维持青蛙体表湿润为主，注意及时换水，避免残饵、粪便过多引起水质恶化。定期对水体消毒，可采用温和性的消毒药物。

3. 疾病防治

胃肠炎：控制饲料投喂量，如果饲料在 30 分钟内还不能吃完，就说明饲料的投喂量过多。及时换水，清除池底污物，进行水体消毒。肝大：定期进排水，保持水质清新，同时可在饲料中添加维生素 C，以增强青蛙的肝脏功能。白内障：保持水温恒定，每立方米水体用 50 克高锰酸钾全池泼洒。在饲料中添加多种维生素、昆虫蛋白质(如蝇蛆粉)，以提高青蛙的生理功能和免疫力。脑膜炎(歪头病)：此类疾病防重于治，平时以增强青蛙体质为主，同时拌喂维生素和保肝胆护肠道的药物，以增强青蛙的免疫力。治疗方法是在饲料中添加磺胺类药物如磺胺嘧啶，用量为 1 吨青蛙用药 100 克，首次用量加倍，连续使用5～7 天；同时内服保肝利胆的药物，外用聚维酮碘(按照使用说明书调节浓度)进行全池泼洒消毒。

三、青蛙投放

选择规格整齐(每只青蛙重 40 克左右)、个体健壮、无病的青蛙进行投放(图 4.13 和图 4.14)。移鸭出田后，投放青蛙，最好选择傍晚时投放，每亩 60～80 只。投放前，用 5% 的盐水对青蛙进行浸洗消毒，时间为 5～10 分钟，如遇异常立即将青蛙投入稻田水中。

图 4.13　投放青蛙

图 4.14　组织投放青蛙公益活动

四、青蛙田间管理

青蛙投放后，让其回归自然，但是要注意巡田、观察，发现残蛙、病蛙、死蛙，要及时清除。平时应注意防止青蛙出逃、防止青蛙被盗、防止敌害侵入。尤其要注意投放区域夜间的蛙鸣声，如果无蛙鸣声或蛙鸣声稀散，则说明青蛙投放后出现了死亡或者被天敌捕食的情况，应酌情补充青蛙。

第五章　水肥管理技术

第一节　水分管理技术

一、基本原则

鸭蛙稻模式是一种绿色生产模式，是指水稻生产前期、中期通过稻鸭共生，后期通过稻蛙共生，利用鸭和蛙进行中耕、除草、除虫，全程进行绿色综合防控，实现生态农业循环的新模式。

在鸭蛙稻模式的水分管理技术上，水稻生长前期应注重寸水活棵、深水控草、浅水分蘖、够苗晒田，中期浅水孕穗与抽穗，后期干湿交替壮籽，并注重推迟断水，以利籽粒饱满，增加千粒重。特别注意的是，遇寒露风时应深水护蔸。

稻鸭共生期间，利用鸭属水禽的特性，让其在稻田里觅食、活动，起到中耕松土、促进水稻生长发育的作用。因此，稻鸭共生期间需要一直保持适当的水层，以使鸭蹼能刚好踩到表土为限。如果水层太浅，则不利于鸭子活动，或者致鸭子浑身泥浆；如果水层太深，则产生的浑水效果差，起不到中耕松土的作用。

二、水分管理

（一）移栽期

水稻移栽期，田面保持1～2厘米水层，以利活棵，即平常所说的寸水活棵。当然也需要视田面平整情况，一般如果田面有八成左右的面积达到有1～2厘米水层、二成左右的面积露出泥面，这时田间状况更好，更有利于移栽活棵。

（二）返青期

水稻秧苗移栽后，应立即增加灌水，有利于返青。移栽时受伤的根系还未恢复，新根又没长出来，根系的吸水能力较弱，叶片的蒸腾作用会造成水分流失大于吸收，较难保持稻株体内的水分平衡。轻则叶片变黄，严重时会出现凋萎现象，因此在返青期内，要保持一定的水层，满足稻株的生理需水量，减少叶片的蒸腾作用，促进秧苗早发新根，加速返青。对于移栽时秧龄较大的秧苗，深水返青更为重要，尤其是在气温高、湿度低的条件下栽插的秧苗，栽后要注意灌深水护苗。最好白天灌深水护苗，晚上排水，以促返青发根。同时，要注意防止水层过深，水层过深容易引起水稻漂秧。

另外，随着秧苗活棵，此时将孵化 1～2 周的雏鸭也放入稻田里（图 5.1）。这时鸭龄较小，稻田水深保持 2～3 厘米为宜，使鸭蹼刚好能触到泥土。鸭子在田间活动，能充分搅拌泥土，从而起到中耕松土的作用，刺激水稻生长。随着鸭子的成长，水层的深度可逐渐增加，每周增加 1～2 厘米的水层，直至达到 8～10 厘米，并注意整个田面都要保留水层。

图 5.1　秧苗返青后投放鸭子

（三）分蘖期

分蘖初期以浅水灌溉为主，浅灌、勤灌，保持 2～3 厘米的水层。或是实行间歇灌溉，方法是田间灌 1 次水，保持 3～5 天的浅水层，之后让其自然落干，待田间无明水、土壤湿润时，再灌 1 次水。水稻分蘖期实行浅水灌溉或间歇灌溉，可使田间水、肥、气、热比较协调，稻株基部受光充足，分蘖发生早，根系发达（图 5.2）。分蘖期若田间灌水过深，将妨碍田间土温的上升，使水稻分蘖节处的昼夜温差缩小，影响分蘖的早生快发；并且水层过深会使土壤通气不良，会加剧土壤中有害物质的积累，影响根系的生长和吸收能力，严重时还会出现黑根、烂根。对于土质黏重的田块，或高肥力的田块，返青早的秧苗宜湿润灌溉；对于土质差的田块，或中低肥力的田块，要保持较长时间的浅水层。

图 5.2 分蘖期水分管理

(四)分蘖末期至拔节期

在分蘖末期至拔节期,为了抑制无效分蘖的发生,促进根系的发育,巩固有效穗,为水稻的生长打下基础,需要排水晒田。以水稻分蘖数作为指标来进行晒田,即当水稻分蘖数达到预期的有效穗数(一般约为 18 万苗/亩,即 12 穗/株)时开始晒田,同时注意控制晒田强度,晒田程度以达到田面发白、有裂纹、现白根,稻株叶色褪淡为标准。

晒田时间的确定原则是"苗到不等时、时到不等苗"。这里的"时"是指水稻分蘖末期到幼穗分化初期。这一时期水稻对水分不太敏感,之后水稻对水分的敏感性增强,过分控制水分可能会影响稻穗的分化。而这里的"苗"是指单位面积上的茎蘖数(包括主茎和分蘖)。一般在够苗期晒田,够苗期即为水稻分蘖数达到预期的有效穗数的时期。

晒田时间的确定还和土壤质地、水稻品种及种植方式有关。一般土壤肥力高、分蘖早、发苗足、苗势旺的田块,晒田要提早。对于栽培密度大、分蘖早的抛秧田,晒田的时间更要适当提前。对于土壤肥力不足、分蘖生长缓慢、总苗数不达标的田块,可适当推迟晒田。

一般晒田 7~10 天,通过晒田控制无效分蘖,尤其是对水稻长势旺盛、叶片下垂、叶色浓绿的田块,通过晒田实现叶片颜色由浓转淡。

此时鸭子尚未生长完全,为不影响其生长,一是可将鸭子转场,即将鸭子收回,暂存到附近的水沟、水塘,或者将鸭子转移到在稻田边预备的深水沟中,或者可将鸭子收回至鸭舍,就地在鸭舍旁圈养(图 5.3);二是可实行错期晒田,即通过调整不同的移栽时期,利用水稻达到预期有效分蘖的时期不同来实现错期晒田,同时也为鸭子活动提供了转场田块。

图 5.3　晒田时就地在鸭舍旁圈养

（五）孕穗期

水稻的穗分化期是生育过程中的需水临界期，这一时期稻株的生长量迅速增大，它既是地上部生长最旺盛、生理需水最旺盛的时期，也是水稻一生中根系生长发展的高峰期。在此时期既要有足够的水分满足稻株的生长需求，又要保持土壤通气对根系的生长需求。如果缺水干旱，极易造成颖花分化少而退化多，穗小，产量低。晒田要求在倒 3 叶末期结束，进入倒 2 叶期必须复水，保证幼穗分化发育对水分的需求，特别是减数分裂前后更不能缺水，否则将严重影响幼穗分化，导致颖花大量退化，结实率下降。

在此时期主要采用浅湿交替灌溉。具体方法是使田间经常处于无水层状态，即灌 1 次 2～3 厘米深的水，自然落干后不立即灌第 2 次水，让稻田土壤露出水面透气，待 2～3 天后再灌 2～3 厘米深的水，如此反复，形成浅水与湿润交替的灌溉方式。剑叶露出以后，正是花粉母细胞减数分裂后期，此时田间应建立浅水层，并保持到抽穗前 2～3 天，然后再排水轻晒田，促使破口期叶色落黄，以增加稻株的淀粉积累，促使抽穗整齐。

（六）抽穗开花期

此时期对水稻来说，光合作用强，新陈代谢旺盛，对水分的需求较敏感，耗水量仅次于孕穗期。此时缺水，轻则延迟抽穗或抽穗不齐，重则抽穗开花困难，出现包颈、白穗等症状，结实率大幅度降低。此时期田间土壤含水量一般在饱和状态，以建立浅水层为宜。

抽穗开花期间，当日最高温度达到 35℃时，就会影响稻花的授粉和受精，导致结实率和粒重降低；遇上寒露风的天气也会使空粒增加，以致粒重降低。为抵御高温干旱或低温寒冷等气候逆境的伤害，应适当加深水层到 4～5 厘米，有条件时可以采用喷灌。

为防止成鸭危害水稻，此时期应将鸭子转移到水沟、堰塘、鸭舍等地继续喂养，或直接上市（图 5.4）。

图 5.4 抽穗开花期赶鸭出田，防止成鸭危害水稻

(七)乳熟期

抽穗开花后，籽粒开始灌浆，此时水稻净光合生产率最高，但同时水稻根系活力下降，争取粒重和防止叶片、根系早衰成为这个时期的主要矛盾。既要保证土壤有较高的湿度，满足水稻正常的生理需水量，又要使土壤通气，以便保持根系活力和维持上部功能叶的寿命。一般浅湿交替灌溉的方式较好，即采用“灌溉→落干→再灌溉→再落干”的方法。

(八)黄熟期

水稻抽穗后 20～25 天进入黄熟期，穗梢黄色、下沉。此时水稻的耗水量急剧下降，为了保证籽粒饱满，要采用干湿交替灌溉的方式，并减少灌溉次数。收割前 7～10 天彻底断水，直至完全成熟，等待收割。

第二节　肥料施用技术

一、种植绿肥

绿肥是农业生产的主要有机肥源之一，发展绿肥生产可以改良土壤和培肥地力，也是化肥减量和发展绿色生态、循环农业的重要保证。鸭蛙稻模式下的绿肥生产，主要有播种紫云英、播种油菜籽等形式。

(一)播种紫云英

1. 播前处理

(1)晒种。在播种前 1～2 天，将紫云英种子在阳光下暴晒半天，打破种子休眠期，以提高发芽势和发芽率。

(2)选种。紫云英种子常混有秕子、菌核和杂质。可采用 1.09%的盐水(100 千克水加 13 千克左右的食盐)进行选种,除杂去劣、清除菌核,提高种子质量,然后清水洗净、晾干。

(3)擦种。紫云英种子的表皮有一层蜡质,透水性差,不易吸水膨胀,不仅影响种子发芽,又影响根瘤菌接种的效果,所以播种前应进行擦种。擦种是将种子和细沙按 2∶1的比例拌匀,置于器皿中捣种 10～15 分钟,以种子有臭青味或种皮“起毛”为度。

(4)浸种、接种和拌种。浸种:常温清水浸种 12～24 小时,中间换水 1～2 次;也可将种子放入 0.1%～0.2%的钼酸氨溶液或 0.1%～0.2%的磷酸二氢钾溶液浸种 10 小时。保证种子吸足水分,出苗快而整齐。根瘤菌接种:拌菌种应在室内阴凉处进行,要将根瘤菌剂配成水溶液,使其吸附在种子上。连年种植紫云英的田块,不必每年接种,每 3～4 年接种 1 次即可。磷肥拌种:紫云英苗期对磷肥较敏感,每亩用 5 千克的钙镁磷肥拌种,有利于苗期生长健壮。注意勿使用过磷酸钙拌种,因其含有游离酸,易伤害幼芽、幼根;已催芽的紫云英种子也不宜用磷肥拌种。

2. 播种

(1)播种时期。一般在 9 月下旬至 10 月上旬播种为宜,在适期内提倡尽量早播,可以延长紫云英生长期,便于制造和积累更多的营养物质,促进幼苗健壮,有利于安全过冬。

(2)播种量。以翻沤压青为目的,每亩用种量 1.5～2.0 千克。

(3)播种方法。播种前要开好沟,并适当晒田,使浮泥沉实,田面开细裂,人立有脚印但不陷足;沙质壤土可以不晒田。开沟晒田后,在紫云英播种前灌 1 次浅水,水层 3 厘米左右,播种后几天内不再灌水,做到随水落干,保持田面湿润无积水。播种时,保证水稻茎叶干燥无水珠,否则会沾种子,影响种子落泥(图 5.5)。播种方式采用撒播,为使播种均匀,应分厢定量。

图 5.5 播种绿肥

3. 加强田间管理

(1)苗期管理。①播种后 7～10 天应检查出苗情况,发现出苗不齐,及时补播。②保持田间水分。紫云英出苗后至水稻收割前要保持田间土壤湿润干爽，既可以防止渍水死苗，又可以避免水稻收割时田面过于稀软，收割机械将紫云英幼苗压入泥中。③做好覆盖保墒工作。在水稻收割后1～2天内，每亩覆盖切碎的新鲜稻草80～120千克。水稻收割的留茬高度应在20～30厘米，以支撑覆盖的稻草。④开沟排水(图5.6)。水稻收割后应立即开好三沟(围沟、腰沟和畦沟)，隔4～5米开一条畦沟，围沟约25厘米深，腰沟约20厘米深，做到沟沟相通，下雨田间无积水，保证雨停水走。⑤子叶展开到入冬前，如遇干旱，在土面刚刚变硬发白时，应立即进行灌溉，以水灌满畦沟、浸润田面而不积水为度。⑥水稻收割后15天左右，每亩施过磷酸钙15千克和氯化钾5千克，可以增强紫云英的抗寒性，降低幼苗越冬死亡率。

图5.6 开沟排水

(2)越冬期管理。越冬期主要做好水分管理，保持土壤湿润但不积水，如果天气干旱、土表发白、边叶发黄、心叶在晴天中午发蔫时，应灌跑马水润土。

(3)春后期管理。开春后，气温升高，紫云英进入旺长期，在加强田间水分管理的同时，应看苗追施1次速效氮肥，因为此时茎叶生长迅速，对氮肥的需求增大，而根瘤固定的氮难以满足其生长需要。一般在2月底，每亩施用尿素3～5千克，有增产作用，尤其对二、三类苗的效果更为显著，达到以氮增氮、以小肥养大肥的目的。在初花期补施硼、钼等微量元素肥料也有较好的增产效果，尤其是对留种田的效果更佳。施用方法为叶面喷施，喷施浓度为硼砂0.10%～0.15%，钼酸铵0.05%。

(4)病虫害防治。紫云英的病虫害种类繁多，对生产影响较大的病害有菌核病、白粉病等，虫害有蚜虫、蓟马、潜叶蝇等。防治方法：①加强田间水肥管理，增强植株抗性。②化学防治，病害用甲基硫菌灵或多菌灵防治，虫害可用吡虫啉等杀虫剂防治。

4. 适时压青

紫云英宜在盛花期压青，此时产量最高、肥效最好。一般在3月下旬至5月上中旬

(即紫云英已结荚并有10%的黑荚时)压青为宜(图5.7),压青时结合用石灰粉15～25千克/亩撒施,以中和鲜草腐烂过程中所产生的有机酸,促进绿肥腐烂并提高绿肥综合利用率。压青采用翻耕干晒、上水沤泡相结合的方式进行(图5.8),翻耕干晒发酵会产生高温,以及高浓度的生物有机溶液,可灭活杂草种子的活性,以及纹枯病、稻曲病、稻瘟病等病源菌和越冬害虫;在整地前3～5天上水沤泡,又可加速其快速腐解。

图5.7 适时压青

图5.8 翻耕沤泡

(二)播种油菜(或紫云英与油菜混播)

1. 播种

(1)混播比例。鉴于近年来绿肥种子少、成本高的现状,可以利用油菜根系发达的特性,播种油菜,或者用紫云英、油菜混播的方式(也可用油菜、红花草籽混播的方式,如图5.9),提高肥效,优化土壤结构,降低绿肥购种成本。试验表明,紫云英、油菜种子按照7∶3的比例混播,效果最好。

(2)播种时期。在水稻黄熟期或收割前7～10天播种,也可以在水稻收割后3～5天内迅速播种,一般在9月中旬至10月初播种。

(3)播种方法。播种前紫云英种子要进行晒种、选种、擦种、浸种处理,可以提高种子发芽率,使种子易于吸水,加速种皮软化,促进种子萌发,出苗快,幼苗早发并尽早接瘤;油菜种子选用当年收获的大田油菜籽作种子。将两种种子充分混匀以后播种,以撒播为主,也可条播。人工播种时将种子与细沙或细土混匀后撒播效果更好,采用机动喷雾器或者便携式播种器播种,可提高播种效率和均匀度。

2. 肥水管理

施肥对提高紫云英、油菜生物量的效果明显,但种植绿肥时一般不需要额外施肥,不过土壤肥力差的田块,可以施肥,原则上磷肥作基肥,春季紫云英、油菜开始旺长时,通常生物固氮不能满足其自身需求,可适量追施氮肥。根据苗情及当地土壤肥力状况,绿肥全生育期可每亩施纯氮肥(N)3～5 千克、磷肥(P_2O_5)2 千克、钾肥(K_2O)2～3 千克,有利于各养分效果的发挥。紫云英、油菜忌干旱和渍水,在干旱时采用浅层水灌溉,渍水时要及时清沟排水,防止积水烂根以及菌核病的发生。

3. 病虫害防治

稻田紫云英的主要病虫害有白粉病、蚜虫、蓟马和潜叶蝇,油菜主要病虫害有菌核病和蚜虫。喷施 0.3%波美度的石硫合剂可防治白粉病;喷施 50%多菌灵可湿性粉剂1000～1500 倍液可防治菌核病;喷施 5%吡虫啉可溶性乳剂 2000～3000 倍液、5%啶虫脒乳油 5000～10000 倍液或 90%结晶敌百虫 1000 倍液可防治蚜虫、蓟马和潜叶蝇。

4. 适时压青

在不影响农时的前提下,压青原则是尽可能地在紫云英、油菜地上部生物量积累的高峰期就地翻耕,以保证最大量的养分和有机质还田。在两者盛花期或在水稻插秧前 15～20 天进行压青,压青时田内灌水,田面水层在 1～2 厘米,有条件的地方每亩施用石灰粉 25～40千克,促进绿肥腐烂,同时可以缓解稻田土壤的酸性,后期可用机械翻耕入土,深度一般为 15～20 厘米,迅速腐熟肥田。

图 5.9 油菜、红花草籽混播

二、施用有机肥

(一)作用效果

1. 改良土壤,培肥地力

有机肥施入土壤后,有机质能有效地改善土壤的理化性状和生物特性,熟化土壤,增强土壤的保肥供肥能力和缓冲能力,为作物的生长创造良好的土壤条件。

2. 增加产量,提高品质

有机肥含有丰富的有机物和各种营养元素,为农作物提供营养。有机肥腐解后,为土壤微生物提供能量和养料,促进微生物活动,加速有机质分解,产生的活性物质等能促进作物的生长和提高农产品的品质。

3. 提高肥料的利用率

有机肥所含养分种类多但相对含量低,释放缓慢,而化肥所含养分种类少但相对含量高,释放快。两者合理配合施用,相互促进,有利于作物的吸收,提高肥料的利用率。但过量施用有机肥也会同过量施用化肥一样产生危害,其表现为作物根部吸水困难,易发生烧根、黄叶、僵苗、叶片畸形等病状,严重时作物逐渐萎缩而枯死。

(二)使用技术

1. 充分腐熟发酵后再施用

自然界中的禽畜栏、人畜粪肥及饼粕类等有机肥必须要充分腐熟发酵后再施用。经过发酵后,一是均衡了有机肥中的酸性,减少了硝酸盐含量,补充了水分,有利于与自然界土壤中微生物菌的组合应用;二是发酵后能杀灭原粪肥中寄生虫卵、有害生物病菌等,防止其给作物和土壤带来病菌与危害。发酵腐熟人畜粪便,能够在短时间内做到充分彻底腐熟,腐熟的有机肥养分转换率高,腐熟彻底,不会造成二次腐熟烧根、烧苗。

2. 有机无机相配合

有机肥与化肥各有所长和不足,两者要配合施用,并且要掌握好施肥量。考虑到合理性和可能性,施肥量要因作物而异。对鸭蛙稻模式的水稻作物,提倡施用有机肥,一般每亩施有机肥 1000～3000 千克,或者每亩施商品有机肥、生物有机肥、炭基有机肥等 150～200 千克。

同时注重有机无机相配合,一般以生物菌肥 1%～2%、有机肥 50%～60%、中微量元素肥 10%～20%、氮磷钾大量元素肥 30%～40%的配合比例最佳,不仅可以提高水稻产量和品质,而且还可以保持土壤肥力常新。

3. 作基肥施入后翻耕

改进施肥方法,尽量将有机肥深施或盖入土里,不要将肥料撒施在地表上,减少肥料的流失浪费和环境污染,一般生长期短的作物可作基肥一次性施入。

三、秸秆还田

(一)秸秆还田的作用

秸秆还田(图 5.10)是把秸秆(如小麦秸秆、玉米秸秆和水稻秸秆等)直接或堆积腐熟后施入土壤中的一种方法。农业生产的过程也是一个能量转换的过程。作物在生长过程中要不断消耗能量，也需要不断补充能量，不断调节土壤中水、肥、气、热的含量。秸秆中含有大量的新鲜有机物料，在归还于农田之后，经过一段时间的腐解作用，就可以转化成有机质和速效养分。既能改善土壤理化性状，又能供应一定的养分。秸秆还田可促进农业节水、节成本、增产、增效，在环保和农业的可持续发展中应受到充分重视。

图 5.10 秸秆还田

秸秆还田，包括秸秆粉碎还田、根茬粉碎还田和整秆翻埋还田等多种形式，具有便捷、快速、低成本、大面积培肥地力的优势，是一项较为成熟的技术。一般秸秆还田需要结合机械完成。

1. 提供作物所需营养

秸秆中含有水稻生长发育所必需的多种化学元素和有机养分。水稻秸秆富含碳、氮、磷、硅、钾等，还能补充作物所需的微量元素。

2. 改良土壤质地和结构

秸秆还田后，经过腐解，进入土壤中，促进土壤团粒结构形成，改善土壤理化性状，增强土壤保肥、保水性能。

3. 促进植物生长和微生物的生理活性

秸秆还田可降低土壤容重、改善土壤结构，有利于作物根系发育，促进作物生长；秸秆还田后，为微生物提供更多的碳源和有机养分，可增强微生物的生理活性。

4. 秸秆还田后增加土壤缓冲性

秸秆分解时产生的有机酸可以中和土壤碱性，增加土壤通透性，培肥地力，具有保墒和抑制杂草生长的作用，并能降解土壤中残留的农药及重金属。

（二）秸秆还田技术

1. 粉碎

水稻收获时，通过收割机将水稻秸秆粉碎为8～10厘米的小段，抛撒在田面。

2. 使用秸秆专用腐熟剂

同时配合使用水稻秸秆专用腐熟剂。水稻秸秆专用腐熟剂分为粉剂和液体，都可通过联合收割机喷洒于秸秆上。

3. 保持田间湿度

注意加强土壤水分管理，秸秆还田后要及时灌水，保持土壤湿润。

4. 避免有病秸秆还田

带有水稻白叶枯病、稻曲病等病菌的秸秆，均不宜直接还田，应该离田腐熟消毒或炭化后还田。

5. 间歇性深翻

每2～3年进行一次深翻，翻耕深度为25～35厘米，使秸秆与土壤能充分混合，避免因秸秆堆聚或腐解不完全而影响下季作物出苗、立根等。

四、合理施用化肥

（一）施肥原则

（1）按照“减氮、控磷、稳钾”的原则，在鸭蛙稻模式中，应适当降低氮肥、磷肥的总用量。化学肥料养分推荐用量：鸭蛙单季稻为氮肥（N）5～7千克/亩，磷肥（P_2O_5）1～2千克/亩，钾肥（K_2O）4～5千克/亩。鸭蛙再生稻为氮肥（N）6～9千克/亩，磷肥（P_2O_5）2～3千克/亩，钾肥（K_2O）5～7千克/亩。

（2）氮肥施用提倡少量多次，60%的氮肥基施，作分蘖肥、穗肥各占20%，或者70%的氮肥基施，作穗肥占30%；磷肥全部基施；钾肥以基施为主，可按照80%的钾肥基施、20%作穗肥追施。建议使用水稻专用肥、缓控释肥等，后期可根据水稻长势情况，适当追施尿素。

（3）推荐结合机械，采用水稻侧深施肥技术，进一步提高肥料利用率。

（二）水稻专用肥

根据水稻的营养特性和土壤的情况，采用测土配方施肥，研发、筛选、推广水稻专用肥。水稻专用肥主要具有合理的氮磷钾配比（一般为高氮、低磷、中钾的配比，如N、P_2O_5、K_2O的比例为15∶6∶9，20∶7∶13，16∶10∶14，20∶10∶15等）、合适的养分形态（如铵态氮、硝态氮各占50%）、新型的功能特点（如使用缓释技术、生根剂）等优点。

（三）施肥量

1. 鸭蛙单季稻

（1）中浓度配方肥施用方案。基施推荐配方：15∶6∶9（N∶P_2O_5∶K_2O）或相近配方。施肥建议：①一般产量目标，基施配方肥 30～40 千克/亩，分蘖肥和穗肥分别追施尿素 3～4 千克/亩、2～3 千克/亩。②高产目标，基施配方肥 35～45 千克/亩，分蘖肥和穗肥分别追施尿素 4～5 千克/亩、2～4 千克/亩。

（2）高浓度配方肥施用方案。基施推荐配方：22∶9∶14（N∶P_2O_5∶K_2O）或相近配方。施肥建议：①一般产量目标，基施配方肥 20～30 千克/亩，分蘖肥和穗肥分别追施尿素3～4 千克/亩、2～3 千克/亩。②高产目标，基施配方肥 25～30 千克/亩，分蘖肥和穗肥分别追施尿素 4～5 千克/亩、2～4 千克/亩。

2. 鸭蛙再生稻

（1）中浓度配方肥施用方案。基施推荐配方：15∶6∶9（N∶P_2O_5∶K_2O）或相近配方。施肥建议：①一般产量目标，基施配方肥 35～45 千克/亩，分蘖肥和穗肥分别追施尿素3～4 千克/亩、2～3 千克/亩。②高产目标，基施配方肥 40～50 千克/亩，分蘖肥和穗肥分别追施尿素 4～5 千克/亩、2～4 千克/亩。

（2）高浓度配方肥施用方案。基施推荐配方：22∶9∶14（N∶P_2O_5∶K_2O）或相近配方。施肥建议：①一般产量目标，基施配方肥 25～35 千克/亩，分蘖肥和穗肥分别追施尿素3～4 千克/亩、2～3 千克/亩。②高产目标，基施配方肥 30～40 千克/亩，分蘖肥和穗肥分别追施尿素 4～5 千克/亩、2～4 千克/亩。

五、硅锌协同

水稻生长过程中，除了氮磷钾等大量元素之外，还需要硅、锌等各种中微量元素，虽然有机肥的施用会带入一定量的中微量元素，但数量上不能满足水稻生长的需要。

硅在水稻生理代谢中，能形成双层细胞结构，增加细胞壁的厚度，影响水稻的生长发育，主要表现为改善水稻的形态结构，提高产量和品质，以及提高水稻抗性，包括增强水稻的抗倒伏能力、抗病能力、抗逆境能力等，已成为继氮、磷、钾之后的第四大重要元素。

锌是水稻生长发育过程中必需的微量元素之一，锌是许多酶的组成成分，对蛋白质合成、碳水化合物代谢、细胞分裂、基因表达等具有重要作用，植物缺锌时常常出现植株矮小、发育迟缓、抗逆性能下降等症状。

研究表明，在长江中下游稻区，合理使用硅、锌等中微量元素肥料，可使水稻增产10%～30%，并能提高水稻品质、减少水稻生长过程中稻瘟病（苗瘟、叶瘟、穗颈瘟）、稻曲病、纹枯病的发生，以及增强水稻的抗倒伏能力。结合本区域土壤特点，湖北省（乃至长江中下游地区）土壤普遍缺硅、缺锌，合理施用硅肥、锌肥，可以提高水稻产量和品质，减少病虫害的发生，并可以减少氮肥用量，真正实现水稻的化肥农药的减施增效，促进农业绿色发展。

（一）硅肥

1. 硅的作用

水稻在生长过程中，可以从土壤中吸收硅，而且对硅的吸收量很大，水稻茎叶干物质中 SiO_2 的含量达 15%～20%，高于牧草、蔬菜、果树、豆科等作物。一致的观点认为，硅对水稻生长过程有着非常显著的影响，是仅次于氮、磷、钾之后的第四大重要元素。其作用主要表现为：

(1)硅能改善水稻的形态结构。研究表明，充足的硅可以减小水稻植株茎叶间张角，改善个体及群体的光照条件，有利于光合作用的进行。

(2)影响水稻产量和品质。试验表明，缺硅土壤施用硅肥，水稻的增产率可以达到10%～30%，稻米品质也得到改善，整精米率提高 4.9%，垩白粒率降低 8%。

(3)硅能增强水稻的抗倒伏能力。硅在水稻地上部表皮组织中，通过沉淀、累积，可以形成一种“角质-硅质”的双层细胞结构，大大增强细胞壁的厚度，使水稻株型挺拔，叶片舒展并伸长，增大受光面积，促进光合作用，提高干物质的积累，增强抗倒伏能力。

(4)硅能增强水稻抗病虫害的能力。研究证明硅可以在表皮组织中形成硅化细胞，能增强水稻植株抵御病菌、病虫等有害生物入侵的能力，减少或减轻病虫害的发生。水稻施用硅肥后，可减少茎腐病、小粒菌核病、白叶枯病的发生；同时硅对水稻胡麻叶斑病、稻曲病、穗颈瘟有较好的预防作用，以及对水稻叶瘟、纹枯病、白粉病、稻纵卷叶螟、螟虫、稻飞虱有一定的抵御力。

(5)硅能调节光合作用和蒸腾作用，提高抗干旱、低温等逆境能力。硅在表皮组织中形成的硅化细胞能有效调节水稻叶片上气孔的开闭，降低水稻的叶面蒸腾，提高抗干旱、低温等生态逆境的能力。缺硅时，水稻叶片蒸腾作用明显加强，充足的硅可以增加细胞壁的厚度，降低细胞呼吸速率，延缓水稻因干旱而引起的凋萎。

(6)硅能提高水稻抗早衰能力。硅可以促进水稻生长，使分蘖增加。水稻吸收硅之后，使根系周围氧化还原效应增强，根系活力增加。对水稻防早衰效果明显。

(7)硅能使氮、磷的利用率分别提高 3.4%和 7.7%，植物体内 Si/N、Si/P 的比值增大。减少磷在土壤中的固定，活化被土壤固定的磷，使磷由无效态转化为可供水稻吸收的有效态。此外，还可以解除或减轻土壤中铝、铜、铁、锰对水稻的毒害作用。

2. 施用技术

(1)硅肥最好作为基肥施用，如果作追肥最迟不晚于晒田复水时，可以与复合肥、有机肥混合施用，也可以单独施用。

(2)根据作物和土壤的情况,硅肥原则上每年都需要施用;有条件的可以按推荐量的下限每季作物施用一次。

(3)施用硅肥后的田块,氮肥用量应该减少,一般减少 2～3 千克/亩,否则可能引起贪青晚熟。大粒硅由湖北省农业科学院、武汉高飞农业有限公司研制出品,具有养分含量高(硅酸盐含量大于 98%,有效 SiO_2 含量大于 20%)、全水溶(作物易吸收)、大颗粒(方便施用,可单独施用或者与复合肥混合施用)的特点,对水稻生产具有增加产量、防止倒伏、减少病虫害发生等作用,其有效 SiO_2 含量为 25%,推荐施用量为 6～8 千克/亩。由于大粒硅为强碱性肥料,水溶后 pH 值可到 12 左右,使用时要佩戴乳胶手套,做好防护,以免烧伤。

(二)锌肥

1. 锌的作用

作物缺锌是一种最普遍的微量元素缺乏症。作物缺锌的共同特点是叶片失绿,节间缩短,簇生、小叶,植株矮小,生长受到抑制,造成僵苗、花白苗、小果等生理性病害,籽粒、果实空瘪率高,产量低。锌肥的施用,能促进作物生长发育,提高结实率,增强作物的抗寒、抗病能力,提高产量,改善农产品品质。水稻缺锌时,会表现出叶片失绿发白,并出现褐斑、植株萎缩等症状,常称为僵苗、坐蔸、白苗病、缩苗病。

当土壤有效锌含量小于或等于 0.5 毫克/千克时,土壤严重缺锌。我国缺锌土壤广泛分布于东北平原、华北平原、江汉平原、成都平原等区域。此外地下水位高、冬泡田、烂泥田、海拔高、温度低的地区易缺锌。碱性土壤的有效锌含量也低,大量施用复合肥、磷肥、石灰粉等会诱发作物缺锌。杂交品种、高产栽培技术的应用,也会使作物需锌量增加,需要增施锌肥。

锌在水稻生长过程中,主要作用包括:①协调营养元素在作物体内的运输、分配。②锌参与作物的呼吸作用。③增强作物的抗逆境能力,特别是抗冻、抗寒、抗高温的能力。

2. 施用技术

(1)锌肥最好作为基肥施用,如果作追肥最迟不晚于晒田复水时,可以与复合肥、有机肥混合施用,也可以单独施用。

(2)根据作物和土壤的情况,锌肥原则上每年都需要施用。大粒锌由湖北省农业科学院、武汉高飞农业有限公司研制出品,产品特点:①高纯锌含量。纯锌含量大于 30%,有效营养成分大于 98%。②肥效持久。锌元素释放均匀,含缓释技术,具有长效作用。③作物易吸收。在土壤水溶液中缓慢溶解,可被作物有效吸收利用。④颗粒一致。十分适合与复合肥、掺混肥(BB 肥)等颗粒状肥料混用,更方便、更简单。对水稻生产具有增加产量、防止倒伏、减少病虫害发生等作用,推荐施用量为 200～400 克/亩。

第六章 水稻主要病害绿色防控技术

第一节 稻瘟病

一、症状

(一)苗瘟

发生在水稻3叶期以前。初期在芽和芽鞘上出现水渍状斑点,随后病苗基部变黑褐色,上部呈黄褐色或淡红色,严重时病苗枯死(图6.1)。潮湿时,病部可长出灰绿色霉层。

大田苗瘟症状(局部)

大田苗瘟发病

图6.1 苗瘟危害症状

(二)叶瘟

发生在水稻3叶期以后。由于水稻品种抗病性和气候条件不同,病斑分为白点型、急性型、慢性型和褐点型四种症状类型(图6.2)。

(1)白点型病斑。为初期病斑,白色,多为圆形,不产生分生孢子。在感病品种的幼嫩叶片上发生时,遇适宜温、湿度能迅速转变为急性型病斑。

(2)急性型病斑。病斑暗绿色,多数近圆形,针头至绿豆大小,后逐渐发展为纺锤形。

叶片两面密生灰绿色霉层。

(3)慢性型病斑。遇干燥天气或经药剂防治后，急性型病斑便转化为慢性型病斑。典型的慢性型病斑呈纺锤形，最外层黄色，内圈褐色，中央灰白色；病斑两端有向外延伸的褐色坏死线。病斑背面也产生灰绿色霉层。慢性型病斑自外向内可分为中毒部、坏死部和崩溃部。

(4)褐点型病斑。病斑为褐色小点，只产生于叶脉间，中央为褐色坏死部，外围为黄色中毒部。病斑上无分生孢子。褐点型病斑常发生在抗病品种或稻株下部老叶上。

白点型病斑

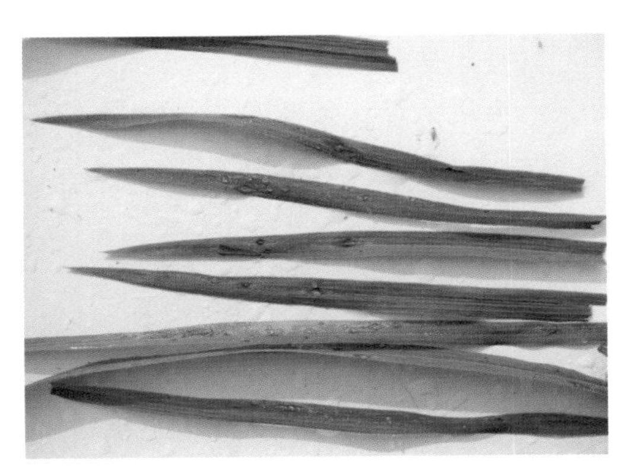

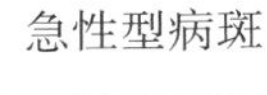

急性型病斑

慢性型病斑

褐点型病斑

图 6.2 叶瘟常见的四种症状类型

(三)叶枕瘟

叶耳易感病。初为污绿色病斑，向叶枕、叶舌、叶鞘及叶片不规则扩展，最后病斑呈灰白色至灰褐色(图 6.3)。潮湿时，长出灰绿色霉层，病叶早期枯死，容易引起穗颈瘟。

图 6.3 叶枕瘟危害症状

(四)节瘟

主要发生在穗颈下第一、二节上,初为褐色或黑褐色小点,之后环状扩大至整个节部(图 6.4)。潮湿时,节上生出灰绿色霉层,易折断。亦可造成白穗。

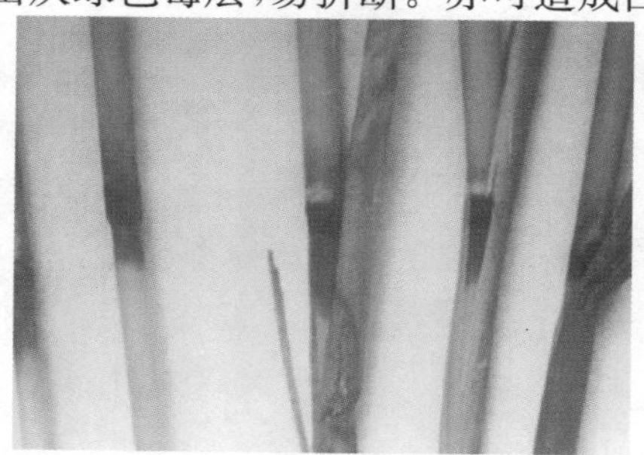

图 6.4 节瘟危害症状

(五)穗颈瘟

发生在主穗梗至第一枝梗分枝的穗颈上,初期出现水渍状褐色小点,后病斑逐渐扩展呈黑褐色或墨绿色,湿度大时病部可产生灰色霉层(图 6.5)。易致白穗和秕谷。

穗颈瘟(局部)

穗颈瘟(大田危害)

图 6.5 穗颈瘟危害症状

(六)枝梗瘟

症状与穗颈瘟相同,枝梗发病后容易枯死,稻粒不能正常灌浆,严重的形成半白穗

(图 6.6)。

图 6.6 枝梗瘟危害症状

(七)谷粒瘟

主要发生在颖壳和护颖上。发病早的颖壳上,病斑大且呈椭圆形,中部灰白色,之后可延及整个谷粒,造成暗灰色或灰白色的瘪谷,发病迟的颖壳上,则为椭圆形或不规则形的褐色斑点,严重时谷粒不饱满,米粒变黑(图 6.7)。

图 6.7 谷粒瘟危害症状

稻瘟病无论在哪个部位发生,其诊断要点是病斑具明显褐色边缘,中央灰白色,遇潮湿条件,病部会产生灰绿色霉状物(分生孢子梗和分生孢子)。

二、病原

稻瘟病菌有性态为灰色大角间座壳菌(*Magnaporthe grisea*)(仅在人工培养下产生，自然条件下尚未发现)，无性态为稻梨孢菌(*Pyricularia oryzae*)，属半知菌亚门，梨孢霉属真菌。

有性态:病菌子囊壳为黑色球形，有长喙，子囊为圆柱形或棍棒形，多数子囊有 8 个子囊孢子，少数 1～6 个，子囊孢子呈不规则排列，无色，梭形，略弯曲，有 3 个隔膜。

无性态:分生孢子梗从病组织的气孔或表皮成簇生出，很少单生，不分枝，一般有 2～4 个隔膜，基部较粗，呈淡褐色，顶部较细，色较浅，顶部形成分生孢子后，从其侧方生出短枝，再生分生孢子，如此连续多次，分生孢子脱落后，梗顶部成屈折状。分生孢子无色或淡褐色，洋梨形或倒棍棒形，顶端钝尖，基部钝圆，有脚胞，成熟后常具 2 个隔膜。

病菌生理:菌丝生长温限 8～37℃，最适温度为 26～28℃。分生孢子在 10～35℃内均可形成，以 25～28℃为最适。分生孢子萌发温限 15～32℃，最适温度为 25～28℃。分生孢子致死温度:湿热时为 52℃(5～7 分钟)；病节内的菌丝为 55℃(10 分钟)；谷粒组织内的菌丝为 53℃(5 分钟)。病菌对干热、冷冻都有较强的抵抗力:在干燥条件下，分生孢子在 60℃经过 30 小时仍有部分存活，在 4～6℃经过 50～60 天，仍有 20%存活；在速冻条件下，−30℃下可存活 18 个月。分生孢子的形成要求相对湿度在 93%以上，并须有一定时间的光暗交替条件。萌发要求相对湿度在 90%以上，最好有水滴或水膜存在。

毒素:稻瘟病菌可产生五种毒素，即稻瘟菌素、吡啶羧酸、细交链孢菌酮酸、稻瘟醇及香豆素，这些毒素抑制稻株呼吸和生长发育。将提取的稻瘟菌素、吡啶羧酸、交链孢菌酮酸的稀释液，分别滴在叶片的机械伤口上，置适宜温度下都可引起叶片呈现与稻瘟病相似的病斑。

生理小种分化:稻瘟病菌对不同品种的致病性具明显的专化性，据此区分为不同的生理小种。我国稻瘟菌生理小种的鉴别寄主为特特勃、珍龙 13、四丰 43、东农 363、关东 51、合江 18 和丽江新团黑谷七个品种。目前长江流域双季籼粳稻混栽区小种组成较为复杂，籼型品种上以 ZB、ZC 群小种为主，粳型品种上以 ZF、ZG 群小种居多。但需要注意不同地区因水稻主栽品种等因素的不同，优势小种有较大差别。

三、发生规律

(一)病害循环

稻瘟病菌主要以菌丝体或分生孢子在带病稻草、带病谷粒上越冬，成为次年的初侵染源。在湖北省，越冬病菌的分生孢子在 3 月下旬就开始产生，借气流着落于水稻叶面上，在有水膜(结水)的条件下,便萌发形成附着胞,产生侵入丝,侵入叶片组织,引起叶瘟。适宜条件下叶瘟病斑上产生大量分生孢子,形成中心侵染源,可进行再次侵染,如此反复,并逐渐蔓延扩大而导致叶瘟大发生。而且萌发产生的分生孢子,也成为穗期病害的主要侵染来源,进而引起节瘟、穗颈瘟、枝梗瘟、谷粒瘟等。在适温条件下,叶瘟潜育期一般为4~7天,节瘟为7~30天,穗颈瘟为10~14天,枝梗瘟为7~12天。(图6.8)

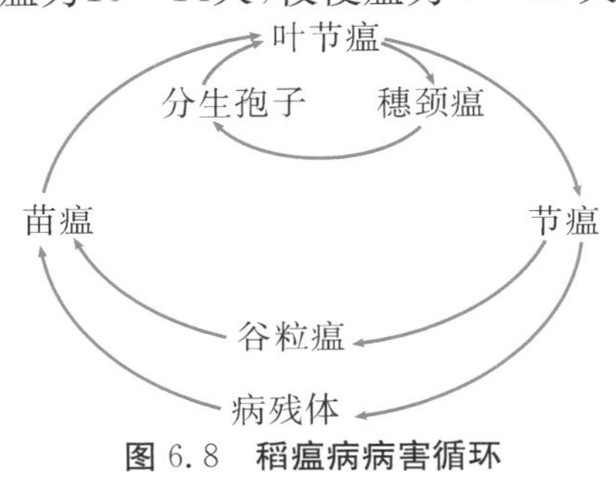

图6.8 稻瘟病病害循环

(二)发病流行的主要因素

1. 品种抗性因素

品种抗性因地区、季节、种植年限和生理小种不同而异。籼型品种的抗性一般优于粳型品种。同一品种在不同生育期,抗性表现也不同。秧苗在4叶期、分蘖期和抽穗期易感病,圆秆期发病轻,同一器官或组织在组织幼嫩期发病重。穗期以始穗时抗病力弱。

2. 栽培因素

栽培管理技术既影响水稻的抗病力,也影响病菌生长发育的田间小气候。其中,以施肥和灌水尤为重要。氮肥施用过量或偏施迟施会导致稻株体内碳氮比下降,游离氮和酰胺态氮增加,同时稻株恋青披叶,硅化细胞数量下降,有利于病菌侵染。另外,多施用磷肥、钾肥对病害的发展有一定的抑制作用。长期深灌或冷水灌溉,易造成土壤缺氧,产生有毒物质,妨碍根系生长,降低植株抵抗力,也会加重发病。

3. 气象因素

稻瘟病菌在适温条件下,需要持续结水6~7小时,才能侵入寄主组织。叶面结水时间越长,病菌侵入率越高,故此病在山区易于发生。因此,高湿环境(雨、雾、露)、日照不足、土壤温度低都有利于病菌侵入。阴雨连绵,或时晴时雨,或早晚有云雾,或结露等条件,病情会迅速扩展。

四、防控技术

(一)选用广谱抗病品种

不同稻区可根据当地稻瘟病菌群体生理小种(致病型)的组成结构,结合自然诱发稻瘟病圃抗性鉴定的真实评价结果，选择合适的广谱抗病品种进行种植。

（二）品种合理布局

稻瘟病菌的优势生理小种存在地区差异，同一水稻品种在不同地区种植，抗性不同。根据湖北各地不同稻作区病菌群体致病型结构和遗传结构的特征和变化规律，掌握稻瘟病菌群体致病型田间的时空变异动态，明确菌株对抗性主效基因的侵染情况，不同抗病基因的品种搭配种植或轮换种植，防止品种抗病基因单一化。

（三）种子消毒

播种之前，每千克种子可用24.1%肟菌·异噻胺种子处理悬浮剂15～25毫升进行拌种，或用药种比为1∶(167～200)的50%福美双可湿性粉剂进行药剂拌种，或用药种比为1∶(45～50)的20%多·福悬浮种衣剂进行种子包衣。

（四）科学管理肥水

掌握“施足基肥，早施追肥，不偏施、迟施氮肥，增施磷肥、钾肥，慎施穗肥”的原则。施用硅肥作基肥，增施磷肥、钾肥，控施氮肥，可以在一定程度上控制穗颈瘟的危害。

（五）药剂防治

孕穗末期至破口初期和齐穗期进行药剂防治。孕穗末期至破口初期(破口10%)施第一次药，齐穗期视天气变化及病情发展情况补施第二次药。药剂可选用多抗霉素、补骨脂种子提取物、春雷霉素、解淀粉芽孢杆菌B7900、枯草芽孢杆菌、蜡质芽孢杆菌、申嗪霉素、四霉素、荧光假单胞杆菌、沼泽红假单胞菌PSB-S、氨基寡糖素、几丁聚糖、低聚糖素等生物农药。

第二节　纹　枯　病

一、症状

叶鞘染病：初期在近水面处产生暗绿色水浸状边缘模糊小斑，后渐扩大呈椭圆形或云纹形，中部呈灰绿色或灰褐色，湿度低时中部呈淡黄色或灰白色，中部组织被破坏呈半透明状，边缘暗褐。发病严重时数个病斑融合形成大病斑，呈不规则状云纹形，常致叶鞘发黄枯死。

叶片染病：病斑也呈云纹状，叶片边缘褪黄，发病快时病斑呈污绿色，叶片很快腐烂。

茎秆染病：症状似叶片，后期茎秆呈黄褐色，容易折断。

穗颈部染病：初为污绿色，后变灰褐色，常不能抽穗，抽穗的秕谷较多，千粒重下降。湿度大时，病部长出白色网状菌丝，后汇聚成白色菌丝团，形成菌核，菌核深褐色，易脱落。高温条件下病斑上产生一层白色粉霉层，即病菌的担子和担孢子。（图 6.9）

水渍状病斑　　　　纹枯病菌核

图 6.9　纹枯病田间危害症状

二、病原

水稻纹枯病菌无性态为立枯丝核菌（*Rhizoctonia solani*），属半知菌门丝核菌属真菌；有性态为瓜亡革菌（*Thanatephorus cucumeris*），属担子菌门亡革菌属真菌。

菌丝初期无色，后变浅褐色，分枝近直角，分枝处稍缢缩，近分枝处有 1 个隔膜。该菌不产生分生孢子，易产生菌核。菌核由菌丝体交织纠结而成，初为白色，后变为深褐色，扁球形、肾形或不规则形，表面粗糙，有少量菌丝与寄主相连，成熟后易脱落于土壤中。菌核大小不一，明显分为外层和内层。菌核具有圆形小孔洞，即萌发孔，菌核萌发时菌丝也由此伸出。担子倒卵形或圆筒形，顶生 2～4 个小梗，其上各着生 1 个担孢子，担孢子单胞、无色、卵圆形。

生理分化：国际上普遍采用 Ogoshi 的菌丝融合群（anastomosis group，AG）标准菌株作为田间分离物测试菌。立枯丝核菌有 12 个菌丝融合群，至少有 18 个菌丝融合亚群。水稻纹枯病菌主要为立枯丝核菌第一菌丝融合群（AG-1）。在 AG-1 的各菌株间，其致病力也存在差异，可按病菌的培养性状和致病力划分为三个型，即 A 型、B 型、C 型，A 型致病力最强，B 型次之，C 型最弱。

立枯丝核菌的寄主范围很广，自然发病的寄主有 15 科近 50 种植物，人工接种时可侵染 54 科 210 种植物。重要寄主作物有水稻、玉米、大麦、高粱、粟、黍、豆类、花生、甘蔗和甘薯等。

三、发生规律

(一)病害循环

纹枯病菌主要以菌核在土壤里越冬,也能以菌丝体、菌核在病残体上越冬,第二年漂浮在水面上的菌核萌发抽出菌丝,侵入叶鞘形成病斑,从病斑上长出菌丝向附近蔓延形成再侵染,形成的菌核落入水中又可借水流传播。(图 6.10)

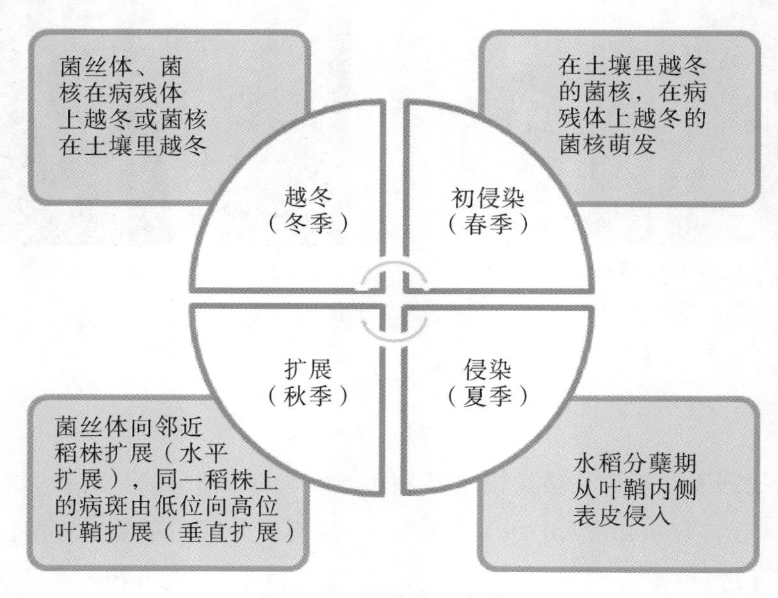

图 6.10　纹枯病病害循环

(二)发病流行的主要因素

25～31℃的温度和饱和湿度为病害流行的最有利条件,因此高温、高湿、多雨易发生水稻纹枯病。而过量施用氮肥,高度密植,灌水过深、过多或偏迟,均可成为该病害发生的主要诱因。水稻纹枯病一般在分蘖期开始发病,孕穗期前后达发病高峰,乳熟期后病情下降。

四、防控技术

(一)选用抗(耐)性好的品种

目前抗纹枯病的水稻品种较少,但在生产实践中还是可以发现一些耐病品种。一般地，水稻植株具蜡质层、硅化细胞是抵抗和延缓病原菌侵入的一种机械障碍，是衡量品种抗病性的指标，也是鉴别品种抗病性的一种快速手段。

（二）打捞菌核，减少菌源

每季耙田后大面积打捞漂浮在水田上的菌核，带出田外深埋或烧毁。

（三）科学管理肥水

加强肥水管理，施足基肥，早施追肥，不可偏施氮肥，增施磷肥、钾肥，采用配方施肥技术，使水稻前期不披叶，中期不徒长，后期不贪青。灌水做到分蘖浅水、够苗露田、晒田促根、肥田重晒、瘦田轻晒、长穗湿润、推迟断水、防止早衰，要掌握“前浅、中晒、后湿润”的原则。

（四）药剂防治

防治适期为分蘖末期至抽穗期，以孕穗期至始穗期防治为最好。要加强田间调查，当发病程度达到防治指标时，进行药剂喷雾防治。防治指标一般为分蘖末期病丛率 5%～10%，孕穗期 10%～15%；早稻适当放宽至分蘖末期 10%，孕穗中期 20%。当高温、高湿的天气和苗情有利于病害发生、流行时，要连防 2～3 次，间隔期为 7～10 天。

可选用井冈霉素、蜡质芽孢杆菌、枯草芽孢杆菌单剂或复配剂。

第三节 稻曲病

一、症状

稻曲病仅发生在水稻穗部，且多数发生在穗下部，发病率达 60%，穗中部和上部的发病率则低一些。稻曲病常见的症状是在稻穗上形成黄色或墨绿色的稻曲球（图 6.11）。稻曲球呈粉状颗粒，有时表面龟裂。在稻曲病发生的稻穗上，稻曲球的数量不等，通常为 2～10 个，最多可达 80 多个。病菌进入谷粒后，主要侵染花丝并在颖壳内形成菌丝块，菌丝块随后增大突破内颖、外颖，露出块状的孢子座。孢子座最初呈现黄绿色，然后转变为墨绿色或者橄榄色，包裹颖壳，呈近球形，体积可达健粒的 4～5 倍。最后孢子座表面龟裂，散出墨绿色粉末，即病菌的厚垣孢子。孢子座中心为菌丝组织构成的白色肉质块，外围分为 3 层组织：外层是最早成熟的大量松散的黄色或墨绿色的厚垣孢子；中间是橙黄色的菌丝和接近成熟的厚垣孢子；里层为淡黄色的菌丝和正在形成的厚垣孢子。有的稻曲球到后期侧生黑色、稍扁平、硬质的菌核 1～4 粒，经风雨吹打后很容易脱落在田间越冬。

稻曲病(局部)

稻曲病(大田危害)

图 6.11　稻曲病危害症状

二、病原

稻曲病病原有性态为稻麦角菌(*Villosiclava virens*),属子囊菌门麦角菌属真菌;无性态为稻绿核菌(*Ustilaginoidea virens*),属绿核菌属真菌。

厚垣孢子侧生于菌丝上,球形或椭圆形,表面有瘤状突起,分生孢子单胞、椭圆形;子囊壳内生于子座表层,子囊圆筒形,子囊孢子无色、单胞、丝状。病菌在 24～32℃发育良好,厚垣孢子发芽和菌丝生长以 28℃最适,当气温低于 12℃或高于 36℃时不能生长。稻曲病菌除侵染水稻外,还可侵染玉米、药用野稻等作物和马唐等杂草。

三、发生规律

(一)病害循环

稻曲病菌以菌核和附着在种子上的厚垣孢子越冬,菌核在适宜条件下萌发出柄状物,其顶端着生子囊壳,产生子囊和子囊孢子。厚垣孢子在适宜的条件下,长出芽管,其尖端形成分生孢子梗,着生分生孢子。越冬的厚垣孢子及第二年夏季产生的子囊孢子和分生孢子成为稻曲病发生的初侵染源。子囊孢子与分生孢子借气流传播,侵害花器和幼颖,造成发病。(图 6.12)

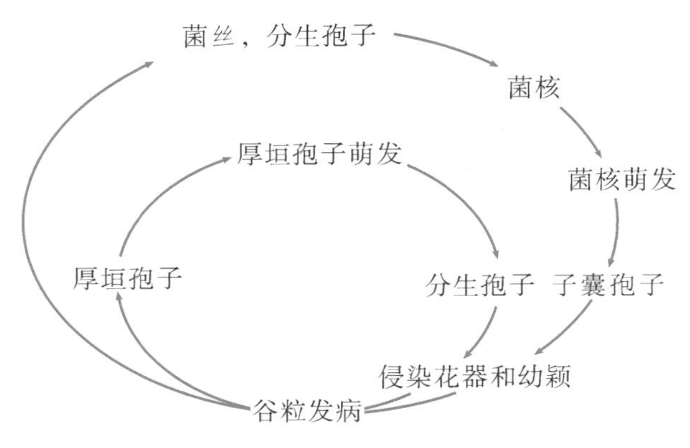

图 6.12 稻曲病病害循环

(二)发病流行的主要因素

稻曲病发生的适合温度是 25～30℃，水稻孕穗期至抽穗开花期如遇高温、多雨、寡照等气候条件均能促进该病的发生流行。并且施用氮肥过多、过迟，会造成植株长势过旺、密度过大，也易诱发该病害的发生。水稻品种对稻曲病的抗病性具有显著差异，一般大穗型品种发病重于小穗型品种，晚熟品种发病重于早熟品种，抽穗期长的品种发病重。

四、防控技术

(一)选用抗(耐)性好的品种

稻曲病发病与品种关系密切，不同水稻品种对稻曲病的抗感病程度不同，一般紧穗型晚熟品种发病重，而散穗型早熟品种发病轻。对不同类型的品种进行抗性鉴定后发现，感病趋势一般表现为：糯型品种＞粳型品种＞籼型品种，晚稻品种＞早稻品种，杂交稻＞常规稻，籼型三系杂交稻＞籼型两系杂交稻。在稻曲病常发区，可选用省级以上农作物品种审定委员会审定(认定)通过并在当地种植证明对稻曲病具有抗病性或耐病性的品种；对表现为感病的优质稻品种，可以通过合理施肥和用药预防稻曲病的发生，但还是尽量不要在常发区大面积种植。

(二)种子消毒

对口的化学药剂对稻曲病的厚垣孢子和分生孢子有较好的抑制效果。播种之前可选用 40％氟硅唑乳油 8000～10000 倍或三氯异氰尿酸(强氯精)500 倍液浸种 12 小时，捞出后催芽播种，可有效预防稻曲病的发生，减轻发生程度。

(三)适当调整播插期

稻曲病的发生受自然环境影响较大，孕穗期至抽穗开花期遇低温、寡照、多雨天气，稻曲病发病重。因此可根据当地历年的气象资料分析，在不影响熟期的情况下，适当推迟播插期，以避开稻曲病的侵染，减轻稻曲病的发生程度。

(四)及时清除病残体

发病的稻田，在水稻收割后及时深翻，将稻曲球及菌核埋入土中；来年栽秧前打捞浮在水面的稻曲球和菌核带出田外烧毁或深埋，减少初侵染源。

(五)科学管理肥水

加强配方施肥，合理密植，重施基肥，早施分蘖肥，适时适度晒田，少施或不施穗肥。灌浆后，浅水勤灌，保持田间湿润，干湿交替，降低田间湿度，增强稻株抵抗力。

(六)药剂防治

对种植感病品种和长势嫩绿的田块，特别是在气象预报孕穗期至抽穗开花期阴雨日多时，应提前施药进行预防。防治时间掌握在破口前5～7天施第1次药，再隔7天施第2次药。可选用解淀粉芽孢杆菌、咪鲜胺、井冈霉素、枯草芽孢杆菌、嘧啶核苷类抗生素、蛇床子素、申嗪霉素、嗜硫小红卵菌HNI-1等药剂。

第四节 立 枯 病

一、症状

水稻立枯病症状主要表现在立针期或3叶期前后(图6.13)。水稻立枯病从病因上可分为两种类型，一是真菌性立枯病，二是生理性立枯病。真菌性立枯病是由真菌危害引起的侵染性病害，种子或床土消毒不彻底，加之幼苗的生长环境不良和管理不当，致使秧苗生长不健壮，抗病力减弱，病菌乘虚侵入，导致发病。生理性立枯病也称青枯病，是由不良的外界环境条件和管理措施不当，使幼苗茎叶徒长，根系发育不良，通风炼苗后水分生理失调，根系吸水满足不了叶片蒸腾需水的要求，使叶片严重失水，所造成的生理性病害。

真菌性立枯病：由于发病时期的不同，可分为芽腐、基腐和黄枯三种类型。芽腐：稻苗出土前后就发病，芽根变褐，叶鞘上有褐斑或扭曲、腐烂。种子或根有粉红色霉状物，在苗床上呈点块分布。基腐：多发生在立针期至2叶期，病苗心叶枯黄，叶鞘有时有褐斑，根系变黄或变褐，茎的基部逐渐变成灰色，易腐烂。用手提苗时茎与根，易拔断，在苗床上呈不规则簇生。黄枯：病苗多发生在3叶期以前，叶片呈淡黄色，并有不规则的褐色斑点，病苗较健苗矮小，心叶卷曲，前期早晨叶尖无水珠，后期干枯死亡，在苗床上可成片发生。

生理性立枯病：多发生在3叶期以后，发病初期光合产物在叶片中积累，叶片发青，发病中期早晨叶尖无水珠，中午打卷，心叶卷筒状，早晚恢复正常，发病后期稻苗萎蔫而死。用手提苗时可连根拔出，在苗床上成片或成床发病，危害严重。

图6.13 立枯病危害症状

二、病原

水稻立枯病属土传病害，主要由镰孢属（*Fusarium* spp.）、立枯丝核菌（*Rhizoctonia solani*）等弱寄生真菌侵染而引起。镰孢菌主要有尖孢镰孢菌（*Fusarium oxysporium*）、禾谷镰孢菌（*Fusarium graminearum*）、木贼镰孢菌（*Fusarium equiseti*）、腐皮镰孢菌（*Fusarium solani*）、拟轮枝镰孢菌（*Fusarium verticillioides*）等真菌。

镰孢菌菌丝体呈白色或淡红色，分生孢子有大小两种类型。大型分生孢子镰刀状，弯曲或稍直，无色，多为3～5个隔膜；小型分生孢子椭圆形或卵圆形，无色，单胞或有1个隔膜。

立枯丝核菌只产生菌丝和菌核。菌丝幼嫩时无色，较粗，为8～12微米。分枝与主枝成锐角，分枝处缢缩，距分枝不远处有隔膜。成熟时菌丝浅褐色，隔膜增多。细胞中部膨大，分枝成直角。菌核由菌丝体交织纠结而成，初期白色，后变为深褐色，扁球形、肾形或不规则形，表面粗糙，有菌丝相连，一般1～5毫米。

三、发生规律

（一）病害循环

镰孢菌一般以菌丝和厚垣孢子在多种寄主的病残体及土壤中越冬，在适宜条件下产生分生孢子借气流传播，进行初次侵染，随后在病苗上再产生分生孢子进行重复侵染。

立枯丝核菌以菌丝和菌核在多种寄主的病残体和土壤中越冬，借菌丝在幼苗株间进行短距离接触并扩展蔓延。腐霉菌以菌丝、卵孢子在土壤中越冬，条件适宜时形成游动孢子囊，再萌发产生游动孢子，借水流传播侵染秧苗，不断产生游动孢子进行再次侵染。

（二）发病流行的主要因素

病原菌的致病力是影响立枯病发生的重要因素。立枯病的镰孢菌、立枯丝核菌在土壤中普遍存在，营腐生生活，这些菌的数量或侵染力常受到环境条件及土壤中拮抗菌数量的影响，但主要与水稻幼苗在不良条件下生长衰弱、抗病力低有关。凡不利于水稻生长和削弱幼苗抗病力的环境条件，均有利于立枯病的发生。

低温、阴雨、光照不足是诱发立枯病的重要条件，其中尤以低温影响最大。因水稻是喜温作物，当环境不利（低温）时，抗病力降低，有利于病害发生。气温过低，对病菌生育与侵染影响小，但对幼苗生长不利，使根系发育不良，吸收营养的能力下降，更有助于病害的发展。如天气持续低温或阴雨后暴晴，土壤水分不足，幼苗生理失调，也常使病害加重发生。

一般受伤、受冻或催芽时间过长或生活力差的种子，抗逆性弱，则发病重。育苗床土壤黏重、偏碱，以及播种过早、过密，覆土过厚，尤其苗期施肥、灌水或通风等管理不当，均有利于立枯病的发生。

四、防控技术

（一）种子处理

（1）精选水稻种子，培育壮秧。晒好种子，选好秧田，整好苗床，培育壮秧，避免种子损伤，提高种子活力和发芽率。

（2）控制温度。浸种温度应稳定在10℃左右，催芽温度不得超过35℃，播前应在20℃左右薄摊催芽。

（3）药剂拌种。将浸好的稻种捞出沥水后，用40%甲霜·福美双粉剂50克拌13～15千克干种，拌匀后闷种4～6小时后播种，有较好的预防水稻立枯病的效果。

（4）适时播种。一般在日平均气温达10℃以上的天气连续3天，并且未来几天天气晴好时播种，撒种均匀，稀植，覆土薄、匀。

（二）育秧土消毒

大力推广大棚育秧技术，改善育秧棚室的环境。苗床选在避风、向阳、地势较高、地面平坦的地块，还必须排灌方便。床土要求有机质含量高、肥沃、疏松、偏酸性、无除草剂残留。如土壤酸度不够，可采取调酸措施，使pH值为4.0～5.0，既可满足秧苗生长需要，又能抑制土壤中的病原菌。

水稻立枯病是以土壤传播为主的病害，病菌在土壤中存活，因此，育秧土消毒是防治立枯病的关键。可进行土壤消毒的药剂有多抗霉素、枯草芽孢杆菌和四霉素等。

（三）苗床管理

育秧棚通风炼苗应与温度管理相结合，通风时间和通风量应依据温度而定。秧苗1叶1心时开始通风，控制棚内温度在25℃左右，最高不超过30℃，注意通风口先选在背风的一侧，尽量少浇水。立针期前进行湿润管理，保持苗床通气。立针期开始通风炼苗，以后逐渐加大通风量，以提高秧苗素质，增强秧苗的抗病能力。2～3叶期浅水灌溉、湿润育秧。2叶1心以后，适当增加通风量和通风时间，棚内温度控制在20～25℃，锻炼秧苗适应外界环境，增强抗寒能力。3叶1心以后，棚内温度控制在20℃，依据温度情况，棚膜可昼揭夜盖。最低气温高于7℃时，可昼夜通风，自然炼苗，插秧前3天，全揭膜锻炼秧苗。遇到－7℃以下的低温时，要采取增温措施，如增加覆盖物、生烟增温等，防止发生冻害。遇寒流时，应灌水保温，久雨放晴时，要逐渐排水，防止地上部秧苗蒸腾过快，造成生理失水而诱发立枯病。

第五节　恶　苗　病

一、症状

水稻恶苗病从水稻苗期至抽穗期均可发生。种子带菌是引起苗期发病的主要原因，重病种子往往不能发芽，或在幼苗期死亡。发病稍轻的幼苗往往徒长，与健株相比高出1/4～1/3；受害植株细弱，叶片和叶鞘窄长，叶色淡黄绿色；根系发育不良，根毛稀少，部分病苗在移栽前即死亡。在枯死苗基部生有淡红色和白色霉状物，即病菌的分生孢子及分生孢子梗。

大田期，一般在插秧后15～30天出现病株，症状与苗期相似（图6.14）。病株分蘖少或不分蘖，节间显著伸长，节部常弯曲露出叶鞘之外，下部茎节倒生不定根。剥开叶鞘，有时可见节的上下组织呈褐色，茎秆上生出暗褐色条斑。剥开病茎，内部可见白色蛛丝状菌丝体，之后茎秆逐渐腐朽。重病株多在孕穗期枯死；轻病株常提早抽穗，但穗短小或籽粒不实。天气潮湿时，在枯死病株的表面长满淡红色和白色霉状物，后期病部可散生或群生蓝黑色粒状物，即病菌的子囊壳。水稻抽穗期谷粒也可受害，严重的变为褐色，不能灌浆结实，或在颖壳接缝处生出淡红色霉状物；发病轻的仅谷粒基部或尖部变为褐色，有的外表没有症状，但内部有潜伏菌丝。

恶苗病的常见症状是徒长，但有的病株表现矮化，或是先徒长后受抑制，或是先矮化后徒长，有的病株则无明显的外观症状。

恶苗病引起病株枯死

恶苗病大田危害症状

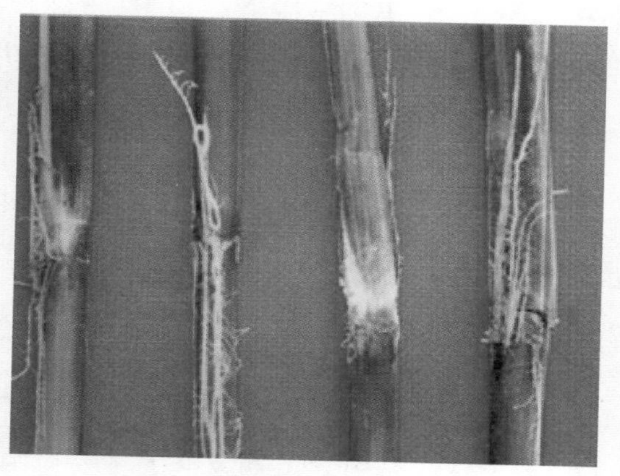
恶苗病引起茎部产生白色霉状物

恶苗病引起穗部谷粒上产生红粉

图 6.14 **恶苗病危害症状**

二、病原

水稻恶苗病的病原菌无性态为镰孢属真菌（*Fusarium* spp.），有拟轮枝镰孢菌（*Fusarium verticillioides*）、藤黑镰孢菌（*Fusarium fujikuroi*）、禾谷镰孢菌（*Fusarium graminearum*）、接骨木镰孢菌（*Fusarium sambucinum*）、木贼镰孢菌（*Fusarium equiseti*）、砖红镰孢菌（*Fusarium lateritium*）、串珠镰孢菌（*Fusarium moniliforme*）等；有性态为藤仓赤霉（*Gibberella fujikuroi*），属子囊菌门赤霉属真菌。

菌丝生长的最适温度为 25～30℃，分生孢子在 25℃的水滴中，经 5～6 小时即可萌发，子囊壳形成的最适温度为 26℃，子囊孢子在 25～26℃时，经 5 小时大多可萌发。病菌侵染寄主以 35℃最适，在 31℃时，诱发徒长最明显。

自然条件下只侵染水稻。人工接种可侵染玉米、大麦、高粱、甘蔗等，并引起植株徒长。

三、发生规律

（一）病害循环

病菌主要以分生孢子在种子表面或以菌丝体潜伏于种子内部越冬，其次以潜伏在稻草内的菌丝体或子囊壳越冬。病菌在干燥的条件下，可存活 2～3 年，在潮湿的土面上或翻入土中的病菌一般在短期内即可死亡。浸种时带菌种子上的分生孢子也可污染无病种子。播种带菌种子或催芽时用带病稻草覆盖稻种，在种子发芽后，病菌即可从芽鞘、根部或伤口侵入，并在植株体内做半系统扩展，分泌赤霉素刺激细胞伸长，引起幼苗徒长，严重时引起苗枯。在病株和枯死株表面产生的分生孢子借风雨传播，从茎部伤口侵入健株，引起再侵染。

带菌秧苗移栽到大田后，在适宜的条件下陆续显现症状。发病初期，病株中的菌丝体蔓延扩展至全株，并刺激茎叶徒长，但不扩展到花器；严重情况下，使病株矮缩而不抽穗。发病后期，基部叶鞘和茎部产生大量分生孢子。分生孢子又可借气流、雨水和昆虫传播，引起再侵染。水稻抽穗开花期长出分生孢子，靠气流传播到花器上，引起感染，从内外颖壳部位侵入颖片组织和胚乳。一般在抽穗灌浆期最易感染，接近成熟时病菌不易侵入。稻谷发病后，在内外颖接缝处产生红色或淡红色团块，造成秕谷或畸形。病菌侵入较迟、受害较轻的种子外观虽与健粒无异，但菌丝已侵入颖壳或种皮组织内，脱粒时病部的分生孢子也会黏附在健粒表面使之带菌。

（二）发病流行的主要因素

1. 气候条件

水稻恶苗病发生与土壤温度关系较大。土壤温度为 30～35℃时，病苗出现最多，31℃时最易引起稻株徒长；21℃时病苗很少出现，20℃以下时病苗不表现症状，但可分离到病原菌；土壤温度高于 40℃时，病原菌和水稻的生长均受到抑制，不表现症状。秧苗移栽时，若遇阳光很强及高温的天气则发病较多，反之遇阴雨或冷凉的天气则发病少。

2. 品种抗病性

不同的水稻品种对恶苗病的抗病性有差异，但无免疫品种。一般糯稻较籼稻发病轻，常规稻比杂交稻发病轻，早稻又比晚稻发病轻。

3. 栽培管理

不恰当的栽培管理技术会导致稻苗生长衰弱而降低抗病力，利于病害的发生。①播种带菌种子。一般种子田未及时收割与脱谷，会增加带菌与侵染机会，此类种子播种后，往往比及时收割和脱谷的种子发病重。②播种受伤种子。脱谷时，由于脱谷机空隙小，转数过快，可增加种子受伤的概率，如播种这类受伤种子比未受伤的种子发病重。③移栽受伤的秧苗。育苗床灌水不及时，缺水受旱，发生龟裂，易使幼苗根部受伤，或拔苗时育苗床缺水使根部受伤，导致移栽后幼苗衰弱发病重。

另外，旱育秧比水育秧的发病重；拔秧比铲秧和直播的发病重；插老秧、深插秧、中午插秧和插隔夜秧的发病较重；过量施用氮肥或施用未腐熟的有机肥会使病害加重。

四、防控技术

（一）选留无病种子

建立无病留种田，不从病田及其附近的稻田留种。选栽抗病品种，避免种植感病品种。留种田及附近一般生产田，发现病株应及时拔除，以防传播蔓延。留种田应单收、单打、单储。

（二）种子处理

采用对口药剂对种子进行包衣处理或浸种是防治该病最有效的方式。可用作包衣的药剂有多·咪·福美双、三环·稻瘟酰胺、噻虫·咯·霜灵等复配剂。可用作浸种的药剂有咪鲜胺、强氯精、乙蒜素等单剂。

（三）栽培管理

农家肥必须经过腐熟后才能施用。播种前催芽时间不能太长，以免下种时受伤。做到稀播种，培育壮秧。

（四）消灭菌源

及时拔除病苗、病株；避免用病稻草及其编织物覆盖秧苗、堵水口等。

第六节　南方水稻黑条矮缩病

一、症状

水稻各生育期均可感染南方水稻黑条矮缩病，症状因不同染病时期而异（图 6.15）。秧苗期染病的稻株严重矮缩，不及正常株高的 1/3，不能拔节，重病株早枯死亡。分蘖初期染病的稻株明显矮缩，约为正常株高的 1/2，不抽穗或仅抽包颈穗。分蘖期和拔节期染病的稻株矮缩不明显，能抽穗，但穗小、不实粒多、粒重轻。

每个时期感染病害具有的共同特征：发病稻株叶色深绿，叶片短小僵直，上部叶的叶基部可见凹凸不平的皱褶。病株地上数节节部有气生须根及高节位分枝。病株茎秆表面可见大小为1～2毫米的瘤状突起（手摸有明显的粗糙感），瘤突呈蜡点状纵向排列，病瘤早期乳白色，后期褐色。产生病瘤的节位因感病时期不同而异，早期感病稻株的病瘤产生在下位节，感病时期越晚，病瘤产生的部位越高。部分品种叶鞘及叶背也产生类似的小瘤突。感病稻株根系不发达，须根少而短，严重时根系呈黄褐色。发病稻株易受其他真菌或细菌病害侵染。

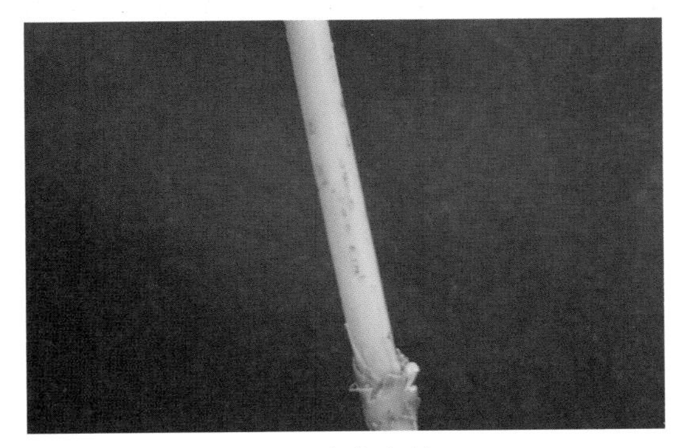

茎秆瘤突变黑

高节位倒生须根

根部危害症状

叶尖卷曲

叶片皱缩

发病病丛

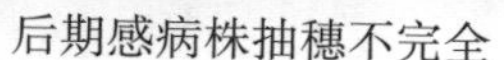
后期感病株抽穗不完全

大面积危害症状

图 6.15 南方水稻黑条矮缩病危害症状

二、病原

南方水稻黑条矮缩病的病原为呼肠孤病毒科(Reoviridae)斐济病毒属(*Fijivirus*)南方水稻黑条矮缩病毒(*Southern rice black-streaked dwarf virus*, SRBSDV)。由白背飞虱以持久性方式传播,而褐飞虱、叶蝉及水稻种子均不能传毒;若虫及成虫均能传毒,若虫获毒、传毒效率高于成虫。

SRBSDV 还可自然侵染玉米、高粱、野燕麦、薏米、稗、牛筋草和白草等禾本科植物。

三、发生规律

(一)侵染循环

早春迁入的带毒白背飞虱在拔节期前后的早稻植株上取食传毒,致使染病植株表现矮缩症状。同时,迁入的雌虫在部分染病植株上产卵。由此,第 2 代若虫在病株上产生并获毒(获毒率约 80%)。2~3 周后,带毒中龄、高龄若虫主动或被动地在植株间移动,致使初侵染病株周边稻株染病。此时早稻已进入分蘖后期,染病植株不表现明显矮缩症状,但可作为同代及后代白背飞虱获毒的毒源植株。毒源植株上产生的第 2 代或第 3 代成虫,携病毒短距离转移或长距离迁飞至异地,成为中稻或晚稻秧田及初期大田的侵染源。通常晚稻秧田期为 20~25 天,如果带毒成虫在 2 叶期以前转入秧田并传毒、产卵,则在水稻移栽前可产生下一代中龄、高龄若虫并传毒,致使秧苗高比例带毒,造成大田严重发病;如果带毒成虫在秧田后期侵入,则受侵染秧苗将带卵被移栽至大田,在大田初期产生较大量的带毒若虫,这批若虫在田间进行短距离转移并传毒,致使田间病株呈集团式分布。如果在早稻上获毒的若虫或成虫直接转入中稻、晚稻初期大田,则由于白背飞虱群体带毒率比较低,只能引起少数植株染病,使矮缩病株呈零星分散分布。晚稻田中后期产生的带毒白背飞虱，只能造成水稻后期染病，表现为抽穗不完全或其他轻微症状，但带毒白背飞虱的南回可使越冬区的毒源基数增大。（图 6.16）

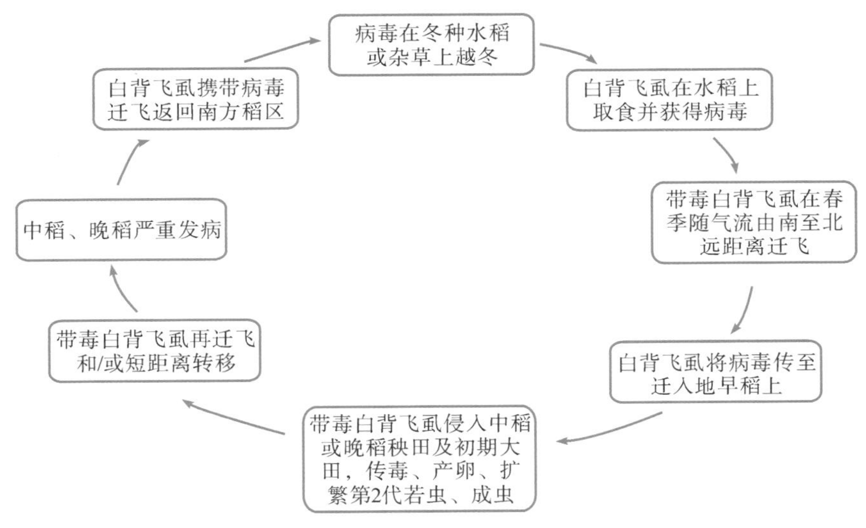

图 6.16 南方水稻黑条矮缩病侵染循环

（二）发病流行的主要因素

1. 品种因素

白背飞虱是传播 SRBSDV 的主要介体，传毒介体的获毒率和传毒率决定着植物病毒的传播，因此对白背飞虱抗性较好的品种可以减少南方水稻黑条矮缩病的发生。在杂交稻、常规稻和糯稻三个类型中，杂交稻发病最重，糯稻次之，常规稻最轻。

2. 栽培因素

不同的种植方式影响南方水稻黑条矮缩病的发生。抛栽田比移栽田和直播田发病轻，主要是因为抛栽田秧期较短，可推迟播期，避开白背飞虱的迁入高峰期，使水稻秧苗早期承受虫量减少，所以发病较轻。

不同的播种期影响晚稻上南方水稻黑条矮缩病的发生。在相同的品种、种植方式等条件下，早播田发病较重，而迟播田则发病较轻。这主要是因为迟播田避开了白背飞虱向秧田迁移的高峰，田间的白背飞虱数量低，相应地减少了传毒的概率。

播种地段与南方水稻黑条矮缩病的发生也密切相关。晚稻秧田靠近早稻大田的发病较重，而秧田远离发病大田的发病相对较轻。主要是因为早稻收割后传毒介体白背飞虱被迫飞离早稻大田而就近大量迁移到晚稻秧田，导致晚稻秧田虫口密度大大增加，秧苗感病率随之增高。因此，晚稻尽可能地选择远离发病大田的田块作为秧田，并做好秧田四周作物或杂草上的白背飞虱防治，减少秧苗获毒机会。

四、防控技术

（一）选用抗病虫害的品种

选用抗病毒病的水稻良种是一种最为经济、有效的防控方法。如抗南方水稻黑条矮缩病的优质高产水稻品种中浙优 8 号，在感病品种矮缩率达到 100%时，在不防治的情况下仍极少表现出明显的矮缩症状，产量损失少。目前生产上已有一些抗白背飞虱的水稻品种，可因地制宜地加以利用。

（二）做好虫情监测预警

一是做好白背飞虱越冬区冬春季毒源及虫源的监测；二是做好白背飞虱北迁路径虫量及其带毒率的监测；三是做好早稻田的病情监测。

（三）物理隔离

在病毒病重发区，可通过在秧田覆盖无纺布或防虫网，有效阻止白背飞虱的传毒，降低水稻病毒病的发生率。

（四）栽培避病

通过早期识别病害，弃用带毒率高的秧苗。对于分蘖期病株率为 3%～20%的田块，应及时拔除病株，从健株上掰蘖补苗。对重病田及时翻耕改种，以减少损失。提倡同期播种、适当推迟移栽期，避开一代白背飞虱成虫迁移传毒高峰期。早稻稍迟 1 周多开始移栽，能有效降低发病率。此外，要避免零星田块早播。秧田要远离上年发病重的冬闲田，提倡集中连片播种育秧，并能同时移栽。统一施肥用药，培育无病壮秧。要合理、平衡地施肥，增施钾肥、微肥；控制氮肥的使用量，避免秧苗浓绿引诱白背飞虱取食；重视施用锌肥，并作基肥施用。通过合理、平衡施用肥料，稻苗早生快发，缩短病害易感期，增强稻株抗病力。

（五）药剂防治

重发区可采用种子处理和田间喷雾两种方式进行防治。

（1）种子处理。做好种子晾晒，搞好种子消毒。用吡虫啉、噻虫嗪或呋虫胺等药剂浸种或拌种，均可有效防治秧苗期白背飞虱对病毒病的传播。

（2）喷雾防治。重点关注往年发病严重的地区、田块或高肥、低湿、密植的可能发病地块，于水稻苗期（秧田期）和分蘖初期（大田前期），当白背飞虱达到防治指标时进行喷雾防治。南方水稻黑条矮缩病的防治药剂有毒氟磷、香菇多糖、几丁聚糖和宁南霉素等。

第七章 水稻主要虫害绿色防控技术

第一节 稻 飞 虱

稻飞虱俗称"火蠓子",广泛分布于水稻各主要产区。稻飞虱以成虫、若虫刺吸水稻汁液进行危害,使水稻生长受阻,造成水稻成团枯萎、死秆倒伏等,从而使田间形成"虱烧""冒穿"等症状。稻飞虱除直接取食危害水稻外,还可传播病毒病,并能通过产卵刺伤水稻,造成水稻营养物质运输受阻。稻飞虱危害损失极大,大暴发年份如不及时防治可造成水稻绝收,严重威胁着粮食安全,是目前我国水稻生产上的重要害虫之一。

一、稻飞虱危害症状

稻飞虱主要以成虫、若虫刺吸水稻汁液进行危害,造成水稻失水枯死,在田间形成"虱烧""冒穿"等症状(图 7.1)。

褐飞虱危害引起"冒穿"

褐飞虱危害引起"冒穿"

白背飞虱危害引起"黄塘"

灰飞虱危害稻穗

图 7.1 稻飞虱危害症状

二、稻飞虱主要种类

在稻田中常见的稻飞虱种类有褐飞虱（*Nilaparvata lugens*）、白背飞虱（*Sogatella furcifera*）和灰飞虱（*Laodelphax striatellus*）（图7.2～图7.6）。其中，褐飞虱食性单一，仅危害水稻；白背飞虱和灰飞虱除可危害水稻外，还可危害高粱、小麦、玉米等其他作物。3种飞虱均喜欢在水稻上取食、繁殖，且以褐飞虱和白背飞虱直接取食水稻危害最为严重，而灰飞虱很少直接取食成灾，以传播病毒病（如水稻条纹叶枯病毒 *Rice stripe virus*，RSV）危害水稻为主。白背飞虱亦可传播南方水稻黑条矮缩病毒（*Southern rice black-streaked dwarf virus*，SRBSDV）。

稻飞虱成虫具有翅二型现象，即稻飞虱雌雄成虫具有长翅、短翅型。稻飞虱长翅型成虫具有远距离迁飞性，而短翅型成虫则繁殖力极强，且雌性比相对较高，若环境适合，短翅型成虫会引起田间虫口数量激增。因此稻飞虱成虫翅型的消长动态，常常被作为稻飞虱田间发生监测的重要指标。如长翅型成虫大量出现，预示着有大量的稻飞虱成虫迁出或迁入，长翅型成虫的大量涌现亦指示着寄主水稻的营养状况的变化。而当大量短翅型成虫出现时，则预示着稻飞虱大暴发的来临。

褐飞虱短翅型雌虫

褐飞虱短翅型雄虫

褐飞虱长翅型雌虫

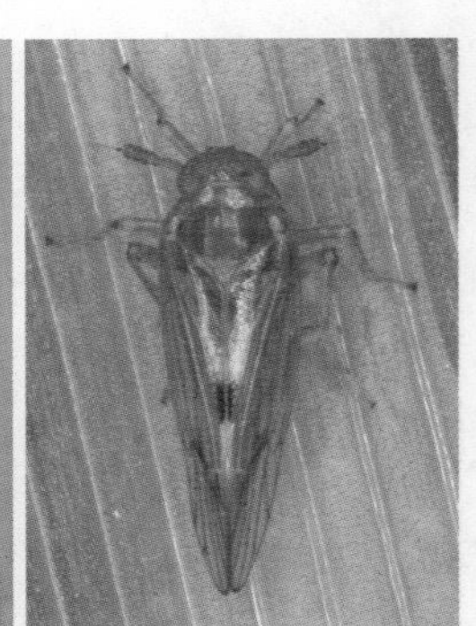
褐飞虱长翅型雄虫

图7.2　褐飞虱成虫形态

白背飞虱短翅型雌虫

白背飞虱短翅型雄虫

白背飞虱长翅型雌虫

白背飞虱长翅型雄虫

图7.3　白背飞虱成虫形态

灰飞虱短翅型雌虫

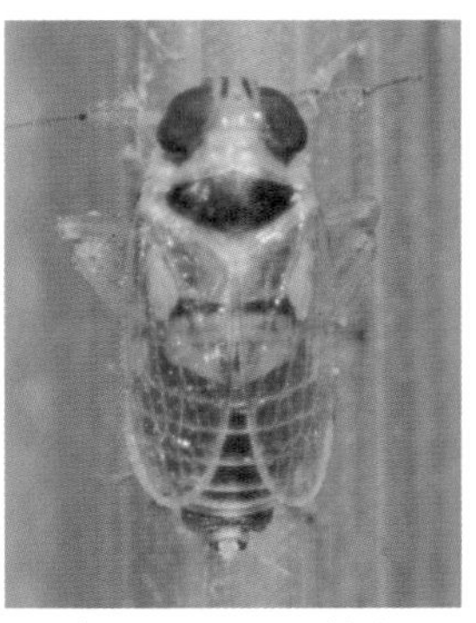
灰飞虱短翅型雄虫

灰飞虱长翅型雌虫

灰飞虱长翅型雄虫

图 7.4 灰飞虱成虫形态

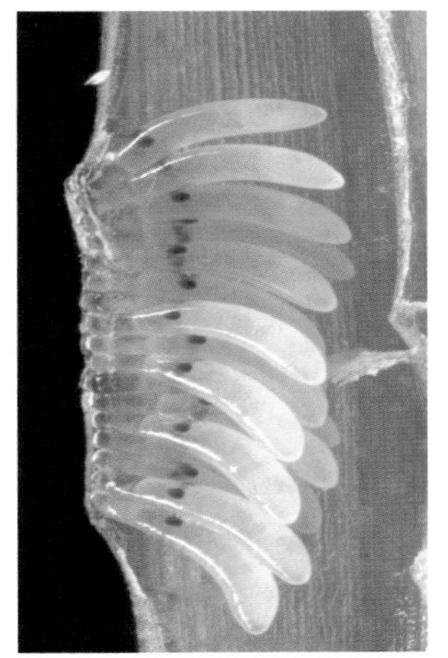
褐飞虱卵块

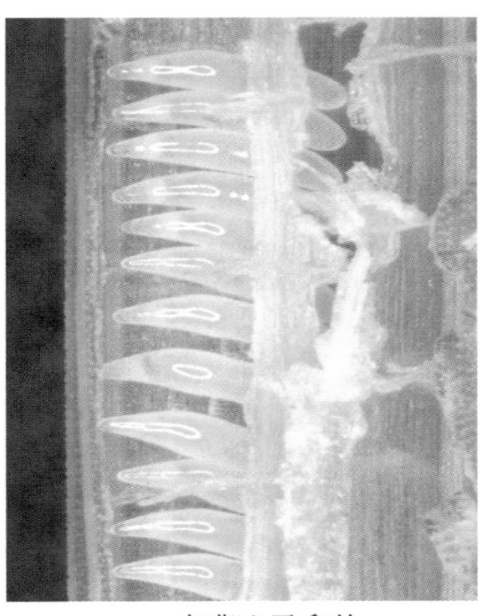
白背飞虱卵块

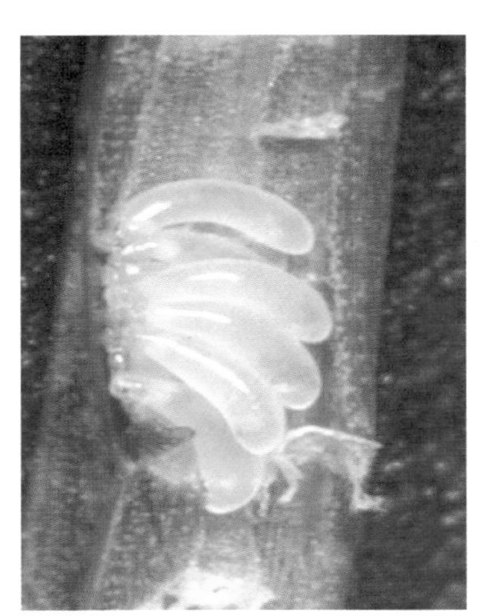
灰飞虱卵块

图 7.5 三种稻飞虱卵块

褐飞虱卵帽

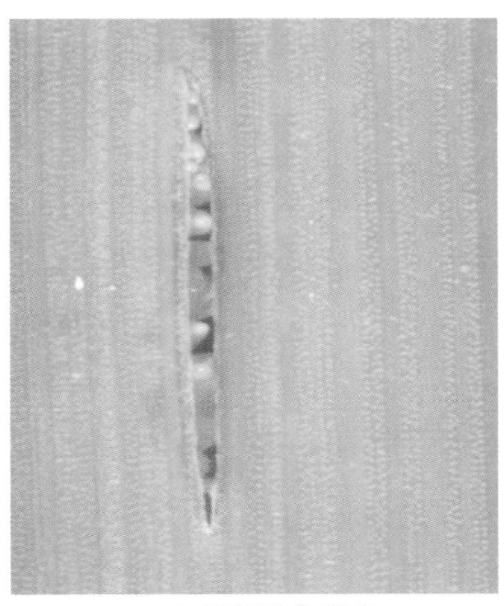
白背飞虱产卵痕

灰飞虱卵帽

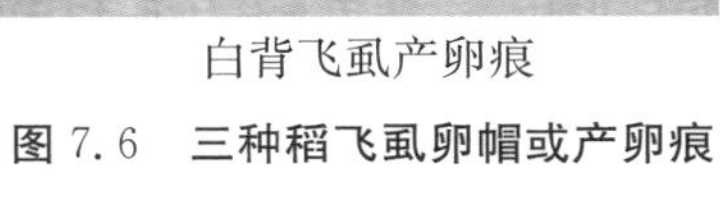
图 7.6 三种稻飞虱卵帽或产卵痕

褐飞虱和白背飞虱具有远距离迁飞性。每年春季，温度回升时，即由南向北逐代逐区迁入，冬季气温下降时，则由北向南逐区回迁。白背飞虱迁入时间一般早于褐飞虱。而灰飞虱耐寒性相对较强，高龄若虫可以在当地稻田沟边杂草上越冬，等温度回升后，即可羽化迁入稻田中。

三、稻飞虱发生规律

稻飞虱一个世代周期经历卵—若虫—成虫的阶段，属不完全变态类昆虫。

在田间，稻飞虱（褐飞虱、白背飞虱、灰飞虱）一般混合发生。在水稻生长前期（如 6 月底至 7 月上旬），稻田基本以白背飞虱发生为主，随后褐飞虱种群渐渐增加；在中稻晚期和晚稻生长阶段，基本以褐飞虱为主，白背飞虱发生相对较少。

（一）褐飞虱

在湖北地区一般发生 3～5 代，不能在当地越冬，每年虫源由南方季节性迁飞而来。每年 6 月中下旬褐飞虱受梅雨季节强气流影响由南方迁入，开始危害早播中稻，并在中稻上定殖，于 7 月中下旬形成第 2 代成虫，如遇到合适气流逐代逐区向北迁移，未迁出的继续繁殖形成第 3 代若虫继续在当地进行危害。褐飞虱在自然条件下约 30 天即可完成一代生活史。因此，褐飞虱第 5 代（约在 10 月初）仍可在迟播一季晚稻成熟期进行危害。此时，稻田会产生大量长翅型褐飞虱，并随着东北气流向西南回迁。如此褐飞虱周年循环发生，一般受我国东亚季风进退的气流和水稻生长的物候规律性的季节变化所同步制约。

褐飞虱成虫有强趋光性，多于晚间 8:00—11:00 扑灯活动。褐飞虱喜温暖高湿的气候条件，其生长适宜温度为 20～30℃，最适温度为 26～28℃，适宜相对湿度为 80%以上。出现“盛夏不热、深秋不凉、夏秋多雨”等气候情况，一般预示着该虫会大发生。

褐飞虱食性单一，仅能危害水稻。

（二）白背飞虱

白背飞虱同褐飞虱一样，属远距离季节性迁飞害虫。在湖北地区，一般在 5 月初就开始看见白背飞虱的发生。5—7 月盛行的东南气流，可将南部的白背飞虱不断带入湖北地区进行危害。白背飞虱的早期迁入发生在 5 月上旬至 6 月初，当时早稻正处于分蘖期或孕穗期，其营养条件极有利于白背飞虱的生长发育和繁殖。7 月，中稻一般大面积处于分蘖盛期，是发生白背飞虱大暴发的最危险时期。8 月，东北气流渐渐开始增多，与西南气流出现频率不相上下，此时湖北稻区的白背飞虱既有迁入，也有迁出，但主要以迁入为主。8 月下旬开始，湖北地区的中稻已开始成熟，此时大量白背飞虱长翅型成虫迁出。湖北地区白背飞虱的回迁正是借助盛行的东北气流向西南方向迁出，从而形成周年循环。

白背飞虱在湖北地区一般发生5～6代。成虫有强趋光性和趋嫩性。白背飞虱对温度的适应性比褐飞虱强，耐寒力亦强于褐飞虱，其生长适宜温度为15～30℃，适宜相对湿度为80%～90%。生产上“前期多雨、后期干旱”的条件往往预示着白背飞虱的大发生。

（三）灰飞虱

灰飞虱在湖北地区一般发生4～5代，田间世代重叠，可在当地越冬，多以3～4龄若虫在紫云英或沟边杂草上越冬。在稻田出现远比褐飞虱、白背飞虱早。越冬若虫一般在3月中旬至4月中旬即可羽化，在5—6月水稻生长初期发生较多。

灰飞虱耐寒能力极强，对高温适应性却比较差。其生长发育最适温度为23℃，超过30℃时，灰飞虱发育速率延缓、死亡率高。灰飞虱翅型变化相对稳定，越冬代多为短翅型，其余各代多以长翅型居多，其雄成虫除越冬代外，几乎全为长翅型。

灰飞虱一般直接危害水稻较少，主要传播水稻条纹叶枯病毒，在粳稻种植区较为普遍。

四、稻飞虱绿色防控技术

（一）农业防治

（1）健身栽培。科学肥水管理，做到浅水勤灌、合理用肥，防止田间封行过早，增加田间通风，降低湿度。

（2）选用抗性品种。抗性品种的使用是治理稻飞虱的关键措施，尽量避免长期大面积单一种植一个抗虫品种。另外，通过品种的合理布局，忌连片种植，可避免稻飞虱迁回危害。

（3）保护利用天敌。主要是在稻田周围或田埂上多保留些禾本科杂草或种植大豆、显花植物，通过调节非稻田生态环境，从而提高自然天敌（如蜘蛛、黑肩绿盲蝽、寄生蜂等）对稻飞虱的控制作用。

（4）稻田养鸭。稻田放养小鸭对水稻茎基部的稻飞虱有一定的控制作用。

（5）稻田养蛙。稻田放养青蛙对稻飞虱有一定的控制作用，一只虎纹蛙每天可吃70～90头稻飞虱等害虫。

（二）物理防治

利用稻飞虱的趋光性及扑灯节律，田间可设置诱虫灯诱捕稻飞虱成虫。

（三）生物防治

绿僵菌、白僵菌、苏云金芽孢杆菌等生物农药对稻飞虱均有较好的田间防治效果。田间释放人工饲养天敌蜘蛛、寄生蜂或应用基于植物挥发物的引诱剂等生物防治方法均对稻飞虱起到较好的控制作用。

(四)化学防治

大发生情况下可考虑采用烯啶虫胺、呋虫胺、噻嗪酮和吡蚜酮等药剂防治。在水稻生长的前期、中期,抓住卵孵高峰期至低龄若虫高峰期统一施药。施药前后保持浅水层,以利于药效发挥。也可添加有机助剂(如有机硅等)增强防治效果。注意农药的交替使用,延缓抗药性的产生。

第二节　水稻螟虫

水稻螟虫是水稻上一类钻蛀性害虫的统称,俗称"钻心虫"或"蛀心虫"。该类害虫主要以幼虫钻蛀水稻叶鞘、茎秆等部位进行危害,可造成水稻枯鞘、枯心、枯穗等症状。因此,螟虫造成水稻危害损失巨大,严重威胁着水稻生产,是目前水稻生产上的重要害虫种类之一。

一、水稻螟虫危害症状

在水稻分蘖期,水稻螟虫危害可造成枯鞘、枯心;在水稻孕穗期,螟虫危害可造成白穗(图7.7)。在田间,一般由同一卵块孵化的蚁螟危害相邻的稻株,造成枯心或白穗常常成团出现,因此田间会出现"枯心团"或"白穗团"。

枯鞘

白穗

整片枯死

图7.7　螟虫危害症状

二、水稻螟虫主要种类

水稻螟虫的主要种类有二化螟(*Chilo suppressalis*)、大螟(*Sesamia inferens*)、三化螟(*Tryporyza incertulas*)、台湾稻螟(*Chilo auricilius*)、褐边螟(*Catagela adjurella*)等

(图 7.8～图 7.10)。由于种植制度等的变化，目前，湖北省内以二化螟发生为主，大螟也有一定比例的发生，三化螟在省内零星少量发生。台湾稻螟常见于广东、台湾、福建等南方稻区，褐边螟较少见。

卵块　　幼虫　　蛹　　雌成虫　　雄成虫

图 7.8　二化螟不同虫态

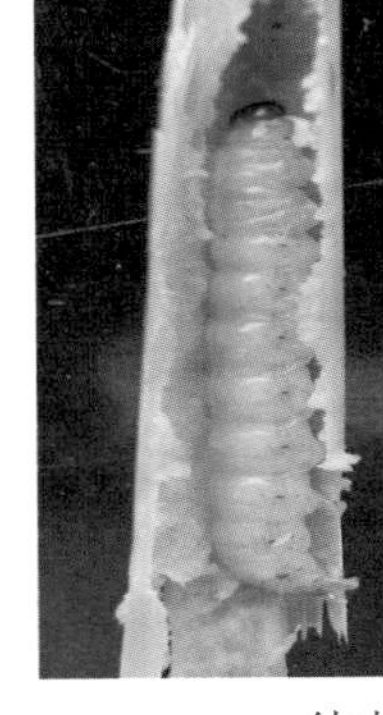

卵块　　幼虫　　蛹　　成虫

图 7.9　大螟不同虫态

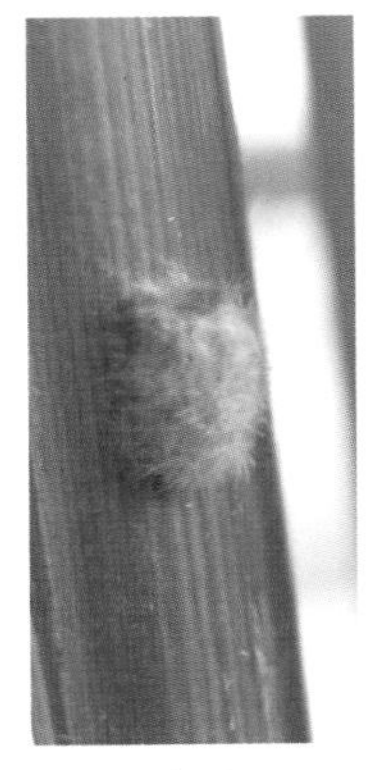
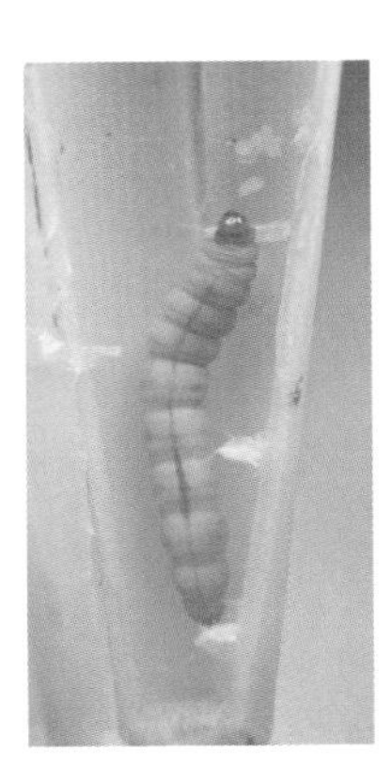
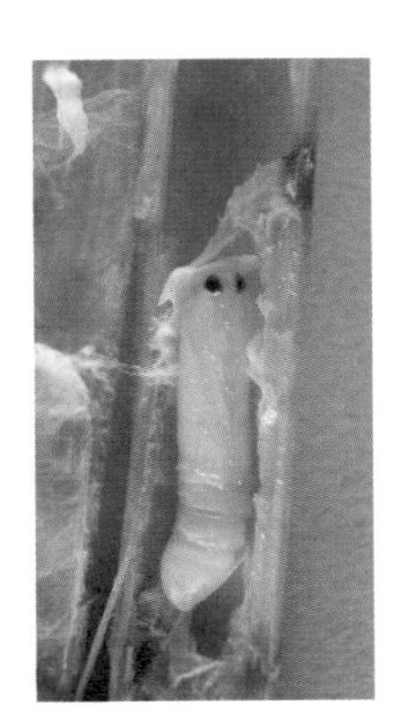

卵块　　幼虫　　蛹　　雌成虫　　雄成虫

图 7.10　三化螟不同虫态

三、水稻螟虫发生规律

(一)二化螟

二化螟在湖北地区一般发生 3~4 代,由北向南递增。二化螟多以高龄幼虫在稻桩、稻草以及田边其他禾本科作物残体或杂草上越冬。在湖北地区,一般 4 月中下旬至 5 月上旬,越冬幼虫开始陆续活动、化蛹、羽化。由于耕作制度等的改变,二化螟幼虫越冬的环境相对复杂,因此越冬幼虫化蛹、羽化时间会极不整齐,这期间会形成多个出蛾高峰,进而形成世代重叠的现象。自然条件下,二化螟一代生活周期约为一个月左右,因此第 1 代(5 月上中旬至 6 月中下旬)幼虫常可危害早稻、早播中稻;第 2 代(6 月下旬至 7 月底)幼虫以危害处于分蘖期的中稻为主。二化螟于 10 月中下旬,渐渐进入滞育状态并准备越冬,直至春季温度回升至 15℃以上时才开始化蛹、羽化,如此周年循环。

二化螟的发生危害因受耕作制度、气候等因素的影响较大,如大多数田块春耕灌水晚,则第 1 代二化螟发生就比较重。另外,春季低温多湿会延迟其发生期,夏季温度过高也对其发生不利。由于营养成分、物理性状等方面的差异,不同的水稻品种对二化螟的发生也有较大影响,如二化螟在超级稻上发生往往较重,茎秆粗壮就是其中一个重要原因。

(二)大螟

大螟在湖北地区一般约发生 4 代。以 3 龄以上幼虫在水稻、菰、芦苇等根部越冬。次年早春气温回升时,未老熟幼虫可取食绿肥等作物。大螟耐寒能力强于二化螟,其越冬时间也较短,10℃以上时即可开始取食,然后化蛹并羽化,每年越冬代发蛾期早于二化螟和三化螟。因此,第 1 代大螟多在田边杂草、菰上进行危害。第 2 代大螟才转移到水稻上进行危害,一般以近田边稻株危害较多。

大螟成虫白天一般潜伏在稻株、杂草基部,夜晚出来活动,对黑光灯有强趋性。

(三)三化螟

三化螟在湖北地区一般发生 3~4 代。以老熟幼虫在稻桩中越冬。次年春季温度回升时即可化蛹。因其耐寒能力比二化螟差,故其发生较二化螟迟。一般在 4 月下旬至 5 月中旬开始发生。春季温暖干燥,第 1 代三化螟发生量会增多。

三化螟尤喜在生长嫩绿、分蘖期的水稻叶片或叶鞘表面上产卵。三化螟单食性,仅能危害水稻。目前,受耕作制度的变化,双季稻改单季稻,导致三化螟桥梁田减少,发生面积、发生量显著降低,现在仅在部分地区有零星发生。

四、水稻螟虫绿色防控技术

(一)农业防治

(1)耕灌灭蛹。早春(如3月前)田块翻耕灌水时,深水勤灌,可显著杀灭越冬幼虫、蛹,从而降低第1代发生基数。

(2)调整播期。可适度推迟播种期,有效避开越冬代螟虫产卵高峰期,从而降低螟虫发生危害。

(3)选用抗性品种。杂交稻上螟虫发生一般重于常规稻。目前生产上能利用的抗性品种较少。转*Bt*基因水稻(如Bt汕优63、华恢1号等)对水稻螟虫均具有较好的控制效果,但目前尚未放开。

(4)种植诱集植物。如香根草可引诱二化螟前来产卵,但二化螟又不能在香根草上完成世代生活史,即利用香根草可诱杀二化螟,从而降低发生基数,减轻对水稻的危害。

(5)田埂种植显花植物。如在田埂及稻田周边种植波斯菊、硫华菊、芝麻等显花植物,可以为自然天敌(如寄生蜂等)提供蜜源和庇护所,从而提高天敌发生的基数,对稻田螟虫能起到很好的自然控制作用。

(6)稻田养鸭(蛙)。鸭子、青蛙等在田间稻丛中也可捕食部分螟虫成虫。

(二)物理防治

(1)依据水稻螟虫成虫的趋光性,可在春耕水稻种植前,在田埂上设置杀虫灯诱杀(如每30~50亩设置一盏太阳能杀虫灯),引诱成虫(蛾)扑灯,抓捕成虫,降低越冬代羽化成虫发生基数,从而显著减轻螟虫在稻田的发生和危害。

(2)物理隔离育秧。如工厂化育秧、无纺布育秧,对越冬代水稻螟虫的产卵起到很好的物理隔离作用,减轻了秧苗中的落卵量,显著降低了水稻螟虫的发生基数。

(三)生物防治

(1)利用性信息素诱杀。通过在田间挂置水稻螟虫专一雌性信息素,干扰水稻螟虫正常交配,降低后代的发生基数,进而减轻水稻螟虫的危害。

(2)田间释放寄生蜂。如稻螟赤眼蜂,通过田间大量释放,可明显提高水稻螟虫卵的自然寄生率,从而很好地控制螟虫的发生。

(3)利用苏云金芽孢杆菌、金龟子绿僵菌和核型多角体病毒等生物农药进行防治,防治时间通常比化学农药防治提前一周左右。

(四)化学防治

水稻螟虫的化学防治方法仍作为一种应急防治措施使用。目前防治水稻螟虫的主要农药有氯虫苯甲酰胺(康宽)、氯氟氰虫酰胺、氟虫双酰胺等。把握防治适期,于水稻螟虫卵孵盛期施药。注意农药的交替使用,延缓抗药性的产生。施药时,保持浅水层,有利于农药药效的发挥。

第三节 稻纵卷叶螟

一、稻纵卷叶螟危害症状

稻纵卷叶螟,俗称"刮青虫",是一种迁飞性害虫,在我国各稻区均有分布,特别是长江中下游稻区等受害最为严重。稻纵卷叶螟主要危害水稻,也可危害麦类、玉米及稗子、狗尾草等禾本科植物。

主要以幼虫取食水稻叶片上表皮与叶肉组织,取食后仅余留白色下表皮。其低龄幼虫爬至水稻叶尖或叶侧,吐丝纵卷水稻叶片结成虫苞(初孵幼虫一般先爬入水稻心叶或钻入旧虫苞内取食叶肉,2 龄以后幼虫才吐丝纵卷叶片结成虫苞),然后于虫苞内取食叶肉,虫苞上开始出现白斑,后期形成白叶。危害严重时,田间虫苞累累,叶片一片枯白(图 7.11)。

苗期受害影响水稻正常生长,甚至枯死;分蘖期至拔节期受害,分蘖减少,植株缩短,生育期推迟;孕穗期后,特别是抽穗始期到齐穗期,剑叶被害,影响开花结实,空壳率提高,千粒重下降。

叶片危害症状

大面积整片枯死

图 7.11 稻纵卷叶螟危害症状

二、稻纵卷叶螟主要种类

主要种类有稻纵卷叶螟(*Cnaphalocrocis medinalis*)(图 7.12)和显纹纵卷叶螟(*Sus-*

umia exigua)。其中稻纵卷叶螟发生较为常见,分布广泛。显纹纵卷叶螟一般在四川、广东、广西、云南、海南等地发生较为常见,在湖北等地稻纵卷叶螟发生轻。

区分两类卷叶螟时,显纹纵卷叶螟幼虫的中、后胸背板一般无黑褐色斑,并且显纹纵卷叶螟的成虫前翅中横线均达后缘。

图 7.12 稻纵卷叶螟不同虫态

三、稻纵卷叶螟发生规律

稻纵卷叶螟在长江中下游地区一般发生 4～6 代。稻纵卷叶螟具有典型的迁飞习性,其发生主要受东亚季风影响。常常在每年的 8 月底之前,受以偏南方向为主的气流影响,稻纵卷叶螟成虫多由南往北逐代北迁,发生期由南至北依次推迟。其后由于偏北气流增多,故 8 月底后多转而由北向南回迁。除雷州半岛和海南岛可以终年繁殖外,其余地区均以迁入种群为每年主要初始虫源。而显纹纵卷叶螟属当地越冬虫源,主要以 3～4 龄幼虫在绿肥田、休闲田的稻桩叶鞘外侧和秆内,再生稻苗及沟边杂草的卷苞里越冬。

稻纵卷叶螟生长发育适宜温度为 22～28℃。其成虫尤喜在嫩绿繁茂的稻叶上产卵,单雌产卵量可达到 100 粒以上。田间大量用水用肥易造成稻苗徒长、叶片贪青过嫩,尤其能吸引稻纵卷叶螟产卵。同一地区若多种熟制共存,也有利于稻纵卷叶螟繁殖和虫口基数的积累,从而加重稻纵卷叶螟的发生危害。

四、稻纵卷叶螟绿色防控技术

(一)农业防治

(1)选用抗(耐)性品种。如一些常规水稻品种对稻纵卷叶螟有一定的耐虫性,其叶片遭受稻纵卷叶螟危害后,可通过水稻自身的补偿能力,渐渐恢复水稻叶片的正常生长,从而不影响产量损失。

(2)合理施肥,控制氮肥过量。偏施氮肥或施肥过迟,水稻前期徒长、后期贪青迟熟,有利于稻纵卷叶螟发生危害。因此合理适时施肥,不要偏施氮肥,可适当控制稻纵卷叶螟的发生和危害。

(3)合理调整水稻播期。早稻早播早插,有利于第1代稻纵卷叶螟的繁殖,从而加大后期的虫口基数。因此合理调整水稻播期,能显著降低第1代稻纵卷叶螟的繁殖基数,减轻后代的防治压力。

(二)物理防治

主要利用稻纵卷叶螟的趋光性,在田埂设置太阳能杀虫灯,如每30～50亩的水稻田可设置一盏杀虫灯,能显著杀灭成虫,进而降低稻纵卷叶螟后代的发生基数。

(三)生物防治

(1)田间释放赤眼蜂。如拟澳洲赤眼蜂、稻螟赤眼蜂、螟黄赤眼蜂等对稻纵卷叶螟的卵寄生率较高,可在稻纵卷叶螟产卵盛期,通过田间大量释放(如每亩释放3万～4万头,隔3天1次,连续释放3次),较好地控制稻纵卷叶螟的发生和危害。

(2)利用性信息素诱杀。在田间设置专一性诱芯＋诱捕器,如每亩水稻田设置2～3个诱捕器,定期更换失效性诱芯,并根据水稻生长高度不断提高诱捕器的高度,可干扰稻纵卷叶螟的自然交配,显著降低后代稻纵卷叶螟的发生虫口基数。

(3)生物农药应用。可选用多杀菌素、金龟子绿僵菌、短稳杆菌和苏云金芽孢杆菌等生物农药。

(四)化学防治

大发生时可使用氯虫苯甲酰胺或溴氰虫酰胺等药剂防治。把握防治稻纵卷叶螟的适期,于其低龄幼虫发生高峰期施药,对准水稻叶片充分喷雾。使用化学农药时,尽量避免单一使用,注意交替使用,以延缓稻纵卷叶螟的抗药性产生。

第四节 稻蓟马类

稻蓟马是危害水稻的蓟马类害虫的统称。主要危害水稻幼嫩叶片,也可危害穗部颖花。广泛分布于我国长江流域及华南稻区。

一、稻蓟马类危害症状

主要通过成虫、若虫锉伤水稻叶片表皮,吸食水稻汁液。水稻苗期和分蘖期叶片受害后，造成叶片失水纵卷、叶尖枯黄；严重时，造成全叶失绿、枯卷甚至枯死（图 7.13）。

图 7.13　稻蓟马类危害症状

二、稻蓟马类主要种类

稻蓟马类主要种类有稻蓟马（*Stenchaetothrips biformis*）、稻管蓟马（*Haplothrips aculeatus*）（图 7.14）。

稻蓟马成虫

稻管蓟马成虫

图 7.14　稻蓟马类成虫

三、稻蓟马类发生规律

稻蓟马类一生经历卵—若虫—成虫的阶段，属不完全变态类昆虫。

(一)稻蓟马

稻蓟马由于其世代周期较短,在长江流域等地一年可发生10～15代,田间世代重叠现象严重。稻蓟马有趋嫩绿秧苗产卵的习性,一般在水稻生长前期(秧田期、分蘖前期)危害较为严重。当水稻长至圆秆拔节后,稻蓟马大多转移至杂草上,并在田边杂草上越冬。

稻蓟马尤其喜欢在嫩绿叶片上产卵,卵散产于叶脉间,以4、5叶期的水稻秧苗上着卵最多。适宜条件下,单雌产卵可达50～90粒。夏季高温和干旱时,稻蓟马繁殖能力弱,产卵量少,孵化率低,低龄若虫死亡率高。

(二)稻管蓟马

稻管蓟马在水稻整个生育期均可出现,但在水稻生长前期发生数量比稻蓟马少。稻管蓟马多发生在抽穗开花期,取食水稻颖花,造成水稻不结实或空秕粒。

四、稻蓟马类绿色防控技术

(一)农业防治

(1)冬季认真清理田边杂草,破坏稻蓟马类的越冬场所,可显著降低来年虫口基数。

(2)选用抗性品种。

(3)加强水肥管理,健康栽培,培育壮苗,提高水稻自身的抗(耐)性。

(二)物理防治

根据稻蓟马类对颜色的趋性,于水稻田间设置蓝色、黄色粘板等,可较显著地诱杀稻蓟马类,降低发生的虫口数量。

(三)生物防治

(1)稻田捕食稻蓟马类的天敌较多,如稻红瓢虫、草间小黑蛛、微小花蝽等,因此可通过人工饲养并释放天敌或种植可诱集天敌的植物等措施来控制稻蓟马类的发生和危害。

(2)乙基多杀菌素和多杀菌素等生物农药可用于防治。

(四)化学防治

采取达标防治的策略,一般在秧田卷叶率达10%～15%,或百株虫量达100～200头,或大田卷叶率达20%～30%时可进行化学防治。防治稻蓟马类的常用化学药剂有噻虫嗪、吡虫啉等。可采用常规喷雾方式施药。根据稻蓟马类昼伏夜出的习性,建议在下午用药。

第八章　稻田杂草绿色防控技术

第一节　稻田杂草主要种类

一、稗

(一)形态特征

成株　秆光滑无毛，高40～120厘米。叶条形，宽5～14毫米，无叶舌。圆锥花序尖塔形，较开展，粗壮，直立，长14～18厘米，主轴具棱，基部有疣基硬刺毛。分枝10～20个，长3～6米，分枝为穗形总状花序，并生或对生于主轴，斜上举或贴向主轴，下部的排列稍疏离，上部的密接。小枝上有小穗4～7个，小穗长3～4毫米(芒除外)，密集于穗轴的一侧，脉上生疣基刺毛；第一颖三角形，长约为小穗的1/3，具3脉或5脉，第二颖有长尖头，具5脉，与第一小花的外稃近等长。第一小花的外稃具5～7脉，先端延伸成0.5～3.0厘米的芒，内稃与外稃近等长，膜质透明；第二小花的外稃平凸状，椭圆形，长2.5～3.0毫米，平滑光亮，成熟后变硬，顶端具小尖头，边缘内卷，紧包内稃，顶端露出。(图8.1A)

籽实　颖果椭圆形，长2.5～3.5毫米，凸面有纵脊，黄褐色。

幼苗　子叶留土，第一片真叶线状披针形，有15条直出平行脉，叶鞘长3.5厘米，叶片与叶鞘间的分界不明显，亦无叶耳、叶舌；第二片真叶与前者相似。(图8.1B)

A 稗成株

B 稗幼苗

图8.1　稗植株

(二)生物学特性

一年生草本。春季气温10℃以上时开始出苗,6月中旬抽穗开花,6月下旬开始成熟,一般比水稻成熟期要早。

二、千金子

(一)形态特征

成株 根须状。秆丛生,直立,基部膝曲或倾斜,着土后节上易生不定根,高30～90厘米,平滑无毛。叶鞘无毛,多短于节间;叶舌膜质,长1～2毫米,撕裂状,有小纤毛;叶片扁平或多少卷折,先端渐尖,长5～25厘米,宽2～6毫米。圆锥花序长10～30厘米,主轴和分枝均微粗糙。小穗多带紫色,长2～4毫米,有3～7朵小花,第一颖长1.0～1.5毫米,第二颖长1.2～1.8毫米,短于第一外稃。外稃先端钝,具3脉,无毛或下部有微毛,第一外稃长约1.5毫米。(图8.2A)

籽实 颖果长圆球形,长约1毫米。

幼苗 子叶留土,第一片真叶长椭圆形,长3～7毫米,宽1～2毫米,有7条直出平行脉,叶舌膜质环状,顶端齿裂,叶鞘短,长仅1.5毫米,边缘白色膜质,也具7脉。(图8.2B)

(二)生物学特性

一年生草本。苗期5—6月,花果期8—11月。籽实成熟落入土壤中。

A 千金子成株

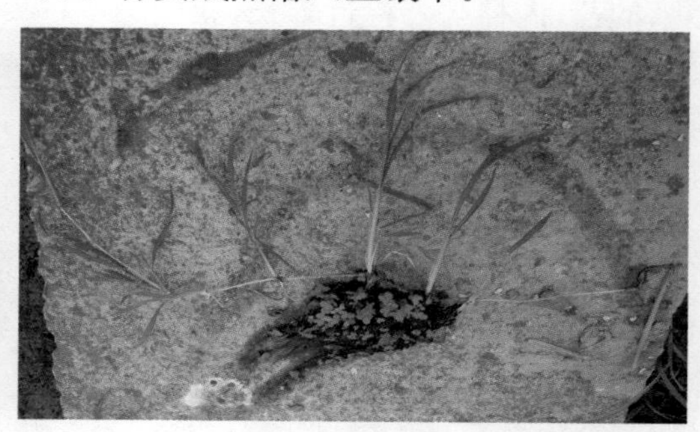

B 千金子幼苗

图8.2 千金子植株

三、双穗雀稗

(一)形态特征

成株 具根茎,秆匍匐地面,节上生根,高20～60厘米。叶鞘松弛,扁平,背部具脊,仅边缘的上部有纤毛；叶舌薄膜质，长 1.0～1.5 毫米；叶片平展，线形，较薄而柔软，长3～15 厘米，宽 2～7 毫米。总状花序长 3.0～6.5 厘米，通常 2 个，生于总轴顶端，稀有的在其下再生 1 个而共为 3 个，穗轴宽约 1.5 厘米，边缘稍呈波状而微粗糙。小穗成两行排列于穗轴的一侧，椭圆形，长约 3.5 毫米，先端急尖，第一颖退化或微小，第二颖具 3 脉，与第一小花外稃等长。第一小花外稃也具 3 脉，通常无毛；第二小花外稃椭圆形，平凸状，长约 2.5 毫米，先端具少数细毛。（图 8.3A）

籽实 颖果浅褐色，长椭圆形，长约 2.3 毫米，宽约 1.2 毫米。

幼苗 青绿色，直立。胚芽鞘膜质，较短。第一叶叶片较短宽，长 7～8 毫米，宽 2～3 毫米；第二叶渐长，叶鞘无毛，扁平，或近鞘口处有纤毛，叶舌极短。（图 8.3B）

（二）生物学特性

多年生草本。通常夏季抽穗。以根茎和种子繁殖。其匍匐茎蔓延迅速。

A 双穗雀稗成株

B 双穗雀稗幼苗

图 8.3 双穗雀稗植株

四、空心莲子草

（一）形态特征

成株 茎基部匍匐，常呈粉红色，上部斜升或全株平卧，长 50～150 厘米，着地生根，茎中空，髓腔大，直径 3～5 毫米，节膨大，茎和分枝有细棱，棱间有白色细毛，节腋处疏生细柔毛。叶对生，叶柄短，叶片长圆形、长圆状倒卵形或倒卵状披针形，长 3～6 厘米，宽 1.5～2.0 厘米，先端急尖或圆钝，基部渐狭，全缘，两面无毛或上面有伏毛，边缘有睫毛。头状花序单生于叶腋，直径 10～15 毫米，由 10～20 朵无柄的白色小花集生组成，具总花梗，总梗长 1.5～3.0 厘米。苞片和小苞片干膜质，宿存。花被 5 片，披针形，长约 5 毫米，宽约 2.5 毫米，背部两侧扁平，膜质，白色有光泽。雄蕊 5，花丝长 2.5～3.0 毫米，退化雄蕊与之相间而生，先端分裂如丝，花丝基部和退化雄蕊的基部连成短管。子房球形，花柱粗短，长约0.5毫米，柱头头状。（图8.4A）

籽实 胞果扁平，边缘具翅，略增厚，透镜状。种子透镜状，种皮革质，胚环形。

幼苗 下胚轴显著，无毛。子叶出土，长椭圆形，长约7毫米，无毛，具短柄。上胚轴和茎均有两行柔毛，初生叶和成长叶相似但较小。（图8.4B）

（二）生物学特性

多年生草本。以根茎进行营养繁殖，3—4月根茎开始萌芽出土，匍匐茎发达，并于节处生根，茎的节段也可萌生成株，借以蔓延及扩散，茎段可随水流及人和动物的活动传播，并迅速在异地着土定根。花期5—10月，通常开花而不实。

A 空心莲子草成株

B 空心莲子草幼苗

图8.4 空心莲子草植株

五、鸭舌草

（一）形态特征

成株 植株高10～30厘米，全株光滑无毛。叶纸质，上表面光亮，形状和大小变化较大，有条形、披针形、矩圆状卵形、卵形至宽卵形，先端渐尖，基部圆形或浅心形，全缘，具弧状脉；叶柄长可达20厘米，基部扩大呈鞘状。总状花序于叶鞘中抽出，有花3～8朵，花梗长3～8毫米，整个花序不超出叶的高度。花被6片，披针形或卵形，蓝色并略带紫色。（图8.5A）

籽实 蒴果卵形，长约1厘米。种子长圆形，长约1毫米，表面具纵棱。

幼苗 子叶留土，由于子叶伸长而将胚推出种壳，其顶部膨大成为吸器，吸收胚乳的营养。下胚轴发达，其下端与初生根间有明显的节，表面密生根毛，上胚轴不发育。初生叶1片，互生，披针形，基部两侧有膜质的鞘边，有3条直出平行脉，第一片后生叶与初生

叶相似。(图 8.5B)

(二)生物学特性

一年生草本。苗期 5—6 月,花期 7 月,果期 8—9 月。

A 鸭舌草成株

B 鸭舌草幼苗

图 8.5 **鸭舌草植株**

六、丁香蓼

(一)形态特征

成株 茎近直立或基部斜上,高 30～100 厘米,有分枝,具纵棱,淡绿色或带红紫色,秋后全变为红紫色,无毛或疏生短毛。叶互生,叶柄长 3～10 毫米;叶片披针形或长椭圆状披针形,长 2～8 厘米,宽 4～27 毫米,先端渐尖或稍钝,基部楔形,全缘,近无毛。花单生于叶腋,无梗,基部有小苞片 2。花萼筒与子房合生,萼片 4,卵状披针形,绿色,外面略生短柔毛。花瓣 4,黄色,倒卵形,稍短于萼片。雄蕊 4,子房下位,花柱短,柱头头状。(图 8.6A)

籽实 蒴果线状柱形,具四棱,长 1.5～3.0 厘米,宽约 1.5 毫米,稍带紫色,成熟后室背果皮成不规则破裂,含多数种子。种子椭圆形,长不及 1 毫米,棕黄色。

幼苗 子叶出土,子叶近菱形,长 5 毫米,宽 3 毫米,先端渐尖,有 1 条中脉,具柄,常在早期脱落。上、下胚轴均发达。初生叶 2 片,对生,长椭圆状披针形,先端钝尖,基部楔形,具短柄。后生叶互生,叶柄较长。(图 8.6B)

(二)生物学特性

一年生草本。苗期 5—6 月,花果期 7—10 月。种子随水流或风传播。

A 丁香蓼成株

B 丁香蓼幼苗

图 8.6　**丁香蓼植株**

七、鳢肠

（一）形态特征

成株　全株具褐色水汁。茎直立，下部伏卧，节处生根，疏生糙毛。叶对生，叶片椭圆状披针形，全缘或边缘略有细齿，基部渐狭而无柄，两面有糙毛。头状花序有梗，直径5～10毫米，总苞5～6层，绿色，有糙毛。外围的雌花舌状、白色，中央的两性花管状、黄色，4裂。全株干后常变为黑褐色。（图8.7A）

籽实　瘦果黑褐色，先端平截，长约3毫米，由舌状花发育成的果实三棱状，较狭窄，由管状花发育成的果实扁四棱状，较短肥，表面有明显的小瘤状突起，无冠毛。

幼苗　子叶出土，阔卵形，先端钝圆，全缘，基部圆形，有1条主脉和2条侧脉，具柄，无毛。上、下胚轴发达，上胚轴圆柱状，倒生糙毛。初生叶2片，对生，全缘或具稀疏细齿，三出脉，具长柄。（图8.7B）

A 鳢肠成株

B 鳢肠幼苗

图 8.7　**鳢肠植株**

（二）生物学特性

一年生草本。苗期5—6月，花期7—8月，果期8—11月。籽实落于土壤或混杂于有机肥中再回到农田。

八、异型莎草

（一）形态特征

成株 秆丛生，扁三棱形，高5～50厘米。叶短于秆，宽2～5毫米，叶上表面中脉处具纵沟，背面突出成脊。叶状苞片2～3，长于花序。长侧枝聚伞花序，简单，少数复出，小穗于花序伞梗末端，密集成头状。小穗披针形，长2～5毫米，有花8～12朵，鳞片排列疏松，折扇状圆形，膜质长不及1毫米，有3条不明显的脉，边缘白色。雄蕊2，花药椭圆形，花柱短，柱头3。（图8.8A）

籽实 小坚果三棱状倒卵形，淡褐色，表面具微突起，顶端圆形，花柱残留物呈一短尖头。果脐位于基部，边缘隆起，白色。

幼苗 子叶留土，第一片真叶线状披针形，有3条直出平行脉，叶片横剖面呈三角形，叶肉中有2个气腔，叶片与叶鞘处分界不明显，叶鞘半透明膜质，有脉11条，其中有3条较为显著。（图8.8B）

（二）生物学特性

一年生草本。花果期夏秋季。以种子繁殖。籽实极多，成熟后即脱落，春季出苗。

A 异型莎草成株

B 异型莎草幼苗

图8.8 异型莎草植株

第二节 发生规律

稻田杂草发生与水稻栽培方式密切相关，通常会出现2次高峰期。第一次杂草发生高峰一般在水稻直播后5～7天或者机插和移栽后10天左右出现，大部分是位于稻田土壤表层和上层的杂草种子萌发的，以稗、千金子和异型莎草等为主，这个时期的杂草发生数量很大，危害最严重。第二次杂草发生高峰在水稻直播、机插和移栽后20天左右出现，大部分是位于稻田土壤中下层的杂草种子萌发的，以莎草科杂草和阔叶类杂草为主。

直播水稻田湿润的水分条件，有利于杂草滋生。播种后5～7天，位于土壤表层的杂草种子迅速萌发，以稗、千金子为主；播种后10～15天萌发的主要是异型莎草、陌上菜等杂草。有些稻田会有第三次杂草发生高峰期，该时期发生的主要是阔叶类杂草和多年生莎草科杂草。

机插秧是近年来快速发展的水稻栽培方式。机插秧的秧苗一般比较小，机插的深浅不一、密度不均，因而田间水肥管理也不同于直播水稻田和传统的人工移栽水稻田。由于机插秧具有行距大、秧苗小、封行比较迟的特点，秧苗在与杂草的竞争中处于劣势，因此，机插秧田的杂草发生相对较重。

移栽水稻田的特点是秧苗大，移栽后稻田即建立较深水层。位于稻田浅层土壤的杂草种子易获得氧气而萌发，通常在移栽后3～5天开始萌发，1～2周内达到萌发高峰。多年生杂草的根茎较深，出土高峰在移栽后2～3周。

第三节 防控技术

鸭蛙稻田杂草防控采用综合防控技术，包括生态控草技术、种植绿肥控草技术、稻鸭共作控草技术等。

一、生态控草技术

对通过水流传播的杂草种子采取“截流”措施，即在沟渠、农田的进出水口设置过滤网，用以清洁灌溉水源，拦截过滤随灌溉水流传播的杂草种子，减少杂草种子的输入。过滤网使用不锈钢材料制成网框，用孔径为0.3毫米及0.15毫米的尼龙纱网制成双层过滤网。滤网大小宜大于进出水口，安装时应能完全将进水口挡住，并高于出水口约10厘米。

对水面漂浮的杂草种子采取“网捞”措施，在水稻移栽前灌水，灌水深度大于15厘米，维持一定的水深(约15厘米)一段时间，这时杂草种子均漂浮到田角或田的一侧(大约2天内)，使用尼龙网兜直接将田间漂浮相对集中的杂草种子捞出，或者通过滤网将杂草种子驱赶集中至田块边缘或田角后再捞出，每亩田块每次网捞操作时间约1小时(具体操作时间根据田块大小确定)。

在整个灌水浸田期间，如果发现田边或田角有大量集中的杂草种子，还可再次进行网捞，提高漂浮的杂草种子的捞除效果。定期检查滤网，若滤网被堵塞应及时清理，若滤网损坏应及时更换。

二、种植绿肥控草技术

冬季绿肥在田间旺盛生长，占据了生态位，能够大量抑制田间冬季杂草的发生。而且，绿肥翻耕后要暴晒两周左右，期间腐解产物可能破坏杂草种子，从而减少杂草的萌发数量。

三、稻鸭共作控草技术

在机插秧苗活棵后，按12～15只/亩的密度在田间放入鸭子，白天鸭子在田间活动觅食，晚上收回到鸭舍中。鸭子在田间活动踩踏，翻腾起泥浆，使田水浑浊，不仅抑制杂草的萌发和光合作用，而且可直接取食已出苗的杂草幼芽。

第九章　鸭蛙稻绿色生态农业模式典型案例

第一节　全程绿色防控　带动产业发展

——石首市霞松生态农业专业合作社

2018年，石首市农业技术推广中心在团山寺镇长安村、过脉岭村创新发展鸭蛙稻模式成功经验的基础上，在高基庙镇百子庵村推广鸭蛙稻绿色生态农业模式，石首市霞松生态农业专业合作社及一批大户开展鸭蛙再生稻种植，实现绿色转型发展、"一种两收"、全程机械化，并获得成功。

一、基本情况

石首市霞松生态农业专业合作社成立于2014年10月，是一家以绿色水稻生产为主的专业合作社，位于石首市高基庙镇百子庵村。截至2020年底，拥有社员278人，耕整插收等农业机械10台(套)，专业农机驾驶人员15名，鸭蛙稻种植面积近3000亩，获得绿色食品证书1个。合作社是以村党支部+合作社+农户(一般农户和贫困户)的模式发展鸭蛙稻，2018年被评为荆州市示范社。

二、主要做法

(一)党建引领走向创新转型

为打破单一、传统水稻种植结构，结合精准扶贫产业发展，在党建引领下，采取村党支部+合作社+农户(一般农户和贫困户)的模式，创新开展鸭蛙再生稻的绿色生产。单户生产变合作种植，单季稻变再生稻，常规化学防治变绿色综合防控，实现传统农业向绿色农业创新转变。特色农业产业在壮大集体经济的同时，又带动了社员致富，更帮扶了贫困户。2018—2020年合作社连续三年带动28个贫困户92人种植鸭蛙再生稻，合作社对贫困户全方位给予技术与绿色防控物资帮扶。

(二)绿色生产推进产业振兴

围绕“产业兴、百业兴”的理念,合作社确定绿色发展主题。一是抓住打造市级乡村振兴示范村的机遇,发展鸭蛙稻生产。鸭蛙再生稻面积由2018年的1000亩扩大到2020年的近3000亩,不断完善并推广应用秋冬种植绿肥,田埂种植诱集植物和显花植物,酸性氧化电位水浸种消毒防病,大棚基质集中育秧及机插秧,翻耕、干晒、沤泡绿肥和稻蔸,灯诱,性诱,释放赤眼蜂,稻田养鸭,投放青蛙等十项绿色防控集成技术。二是积极开展电商营销,全力打造“鄂南鸭蛙稻”品牌。2018年与石首旗峰电商合作,在“双十一”期间网销鸭蛙香稻米16.5万千克,2019年、2020年连续两年还与石首市金祥米业有限公司、湖北荆襄九郡米业股份有限公司联手开展电商营销。三是加强产销对接。石首市农业农村部门积极促进产销对接,通过订单式收购激发农户种植的积极性,2018—2020年合作社连续三年与湖北省农业产业化升级重点龙头企业的湖北荆襄九郡米业股份有限公司签订收购订单,农户生产的鸭蛙香稻谷以3.2元/千克的单价直接在田边收购。

(三)推广药肥“双减”助力农业增效

石首市农业技术推广中心每年开展技术培训200人次以上,鸭蛙稻绿色生产模式与技术得到推广应用,合作社采取统一选种育秧、统一技术规程、统一机械耕作、统一电商营销,达到“双减双增”的效果,即以有机肥替代部分化学肥料,使用稻鸭共育、稻蛙共生、理化诱控和生物农药等非化学防治措施,以减少化学农药和化学肥料的使用。通过多年示范应用,主要杂草总防效达90%以上;二化螟防治效果达85%;纹枯病防治效果达65%以上;稻飞虱防治效果90%达以上;田间化学农药投入量减少90%以上,化肥投入量减少30%以上。比一季中稻每亩平均增产250千克,每亩平均增收1500元,极大地促进了农业增效。同时,通过鸭蛙稻模式,持续种植绿肥和施用有机肥,增加了农田土壤的有机质含量,土壤质地得到了改善,使社会经济与土壤保护协同发展。

三、主要成效

(1)带动贫困户就业。该村党支部及霞松生态农业专业合作社在发展鸭蛙稻模式的同时,注重对贫困户的脱贫发展与就业致富。采取村党支部+合作社+农户(一般农户和贫困户)的生产经营模式,为贫困户提供了宝贵的就业机会与就业岗位。不仅培育了一批爱农业、懂技术、善经营的新型职业农民,还让一批贫困户脱贫致富,贫困户每亩平均增收1500元。

(2)促进产业发展。鸭蛙稻绿色生态农业模式实现了“一种两收”,加上通过相关项目支持该村绿色防控技术及物资,绿色水稻辐射面积逐步扩大,截至2020年底辐射面积近

3000亩。同时,通过石首稻鸭蛙产销协会牵头,通过协议的形式由湖北荆襄九郡米业股份有限公司对该合作社高质量优质大米统一收购,激发了产业的发展。

(3)提升产品质量。在行业主管部门和多方面的共同努力下,合作社2019年底获得绿色食品证书,品质得到了进一步提升。

四、主要经验

一方面,经营模式带动产业发展。村党支部+合作社+农户(一般农户和贫困户)的生产经营模式中党建引领的作用明显,通过党建凝聚群众、带动群众、发展群众,村党支部出面运作生产与销售。另一方面,分工协作,高效运作。合作社社员主要负责绿色水稻生产,石首市农业技术推广中心负责技术集成推广、服务指导,石首市金祥米业有限公司、湖北荆襄九郡米业股份有限公司积极开展产销对接,既协作又高效。

第二节 立足特色优质 扬名“鸭蛙香稻”

——石首市四生粮食种植专业合作社

2016年,在国务院发展研究中心的倡导下,石首市农业农村部门组织农业技术人员及新型农业经营主体到全国鸭稻发源地——江苏省镇江市考察学习。之后,在石首市团山寺镇长安村和过脉岭村、高基庙镇百子庵村创新发展鸭蛙稻模式,经过近几年的发展,石首市四生粮食种植专业合作社、石首市霞松生态农业专业合作社等一批鸭蛙稻模式实施主体脱颖而出,成了石首市鸭蛙稻模式标杆新型农业经营主体。现该模式已形成了鸭蛙稻产业,所产稻称为“鸭蛙香稻”,所产米称为“鸭蛙香稻米”。

一、基本情况

石首市四生粮食种植专业合作社位于石首市团山寺镇过脉岭村,成立于2013年,现有成员260人,其中固定员工16人,技术人员占比30%。合作社是一家集种植、生产、初加工、精深加工、销售于一体的全产业链融合的合作社,年销售产值达10568万元,被评为荆州市示范社。合作社的鸭蛙稻种植面积3000余亩,其中有机鸭蛙稻的种植规模近1099亩,种有10多种特色水稻品种。联营企业2家,分别为石首市五彩鸭蛙稻生态酒坊和石首市金祥米业有限公司。拥有收割机2台、旋耕机3台、日加工200吨优质稻谷设备一套。已获得有机认证3个、绿色食品证书1个。

二、主要做法

(一)规范土地流转,奠定产业发展基础

2014 年流转土地 500 亩,在过脉岭村田家湾、过脉岭湾、龚家湾等地试种,创新鸭蛙稻绿色生态农业模式,逐步确立适应的特色优质水稻品种。2015 年在试种的基础上,扩大至 1000 亩,对所确立的品种进行筛选,确定 4～6 个作为主导品种。2016 年以确定品种大力发展鸭蛙稻模式,同时制定严格的生产标准,与 160 个农户签订了流转合同,现已流转土地 2000 余亩,另外还有近 1000 亩鸭蛙稻收购订单。

(二)发展特色水稻,提升耕地经济效益

合作社种有紫香稻、紫糯稻、胭脂稻、黑糯稻、红糯稻、御赐 1 号、御赐 2 号等特色水稻品种 10 余种,种植面积近 500 亩,并且在该区域取得了有机认证。这些特色水稻品种一部分用于酿酒,市场售价为 396 元/千克,一分部加工成糍粑,市场售价为 60 元/千克,还有一部分加工成特色精品大米,市场售价为 60 元/千克,大大提高了耕地的经济效益。

(三)推动联营企业,促进产业高效融合

四生粮食种植专业合作社负责种植鸭蛙稻,石首市金祥米业有限公司负责收购鸭蛙香稻谷、加工并销售鸭蛙香稻米,石首市五彩鸭蛙稻生态酒坊负责有机紫米酒的酿造、紫米糍粑的制作等。过脉岭村因势利导,结合乡村振兴示范村的建设,开展古荡湖面源污染治理,建设鸭蛙稻主题公园、观鹭台、国际会议中心等农旅示范点,提升农产品附加值,促进一二三产业深度融合,催生农业农村经济新形态。

(四)科学技术支撑,打造绿色示范样板

石首市四生粮食种植专业合作社特别重视农业科技的应用,合作社负责人每年多次前往华中农业大学、湖北省农业科学院等单位,学习专业技术,同时还邀请高校、科研院所的专家到合作社驻点参与生产实践,促进农业科技成果转化应用。该合作社目前已是专家院士的工作站,长江大学、华中农业大学的社会实践点。

三、主要成效

(一)带动产业发展,助力乡村振兴

通过多年探索实践,合作社已形成了集种植、生产、加工、销售于一体的全产业链企业,并建立了产品可追溯系统,消费者可以通过互联网,全程全天候监控种植过程。合作

社与联营企业研制生产出的有机紫米酒、紫米糍粑畅销华中地区，大米年生产加工能力6万吨，有机紫米酒备存量达15万千克，产值达4000余万元。合作社带动1200名农户就业，帮助42户贫困户脱贫增收。

（二）打造示范典型，促进对外交流

坚守绿水青山就是金山银山，用绿色理念引领高质量发展。石首市四生粮食种植专业合作社在多级部门的共同努力下，被打造成为绿色典型示范基地，不少国际友人、专家学者前来研讨交流。2016年8月1—6日，中国欠发达地区绿色发展及全球性含义国际研讨会在团山寺镇召开，来自美国、德国、瑞士、法国、荷兰、尼泊尔等国家，以及国务院发展研究中心、北京大学、清华大学、中国人民大学、北京理工大学等机构的30余位专家学者共同研讨绿色发展。2017年6月20—23日，商务部组织了援外培训班“中国农村经济发展经验研修班”，来自博茨瓦纳、埃塞俄比亚、约旦、马拉维等国家的20多位农业官员学习考察鸭蛙稻绿色生产模式。2017年7月10—13日，开展北京大学南南合作与发展学院硕博班，来自埃塞俄比亚、刚果、尼泊尔等15个国家的19位农业高级官员和社会领袖学员，来此学习考察中国农村的发展现状，探索绿色发展转型之路。2017年8月12日，全国40余家网络媒体记者、大V、当红主播深入鸭蛙稻绿色发展示范区考察、采风。2018年5月23—25日，商务部组织了援外培训班“中国农村经济发展经验研修班”，来自老挝、乌兹别克斯坦、孟加拉国、柬埔寨、格鲁吉亚、约旦等“一带一路”沿线国家的70多位农业官员、专家，考察石首鸭蛙稻绿色发展示范创建工作。2019年6月23—28日，美国亚利桑那州立大学师生10余人研学团山寺镇的鸭蛙稻绿色生态农业模式。

（三）集成技术应用，提质增效双收

鸭蛙稻模式集成应用秋冬种植绿肥，大棚基质集中育秧及机插秧，翻耕、干晒、沤泡绿肥和稻蔸，稻田养鸭，投放青蛙等五大核心农业技术措施，以及田埂种植诱集植物和显花植物，酸性氧化电位水浸种消毒防病，灯诱，性诱，释放赤眼蜂等五大配套技术措施。石首市四生粮食种植专业合作社在绿色防控集成技术的应用下，获得了有机认证3个、绿色食品证书1个，品质得到提升。

（四）坚持绿色引领，生态优先发展

示范区以有机肥和绿肥替代部分化学肥料，以稻鸭共育、稻蛙共生、理化诱控和生物农药等非化学防治措施替代病虫害化学防控。通过多年示范应用，主要杂草总防效达90%以上；二化螟防治效果达85%；纹枯病防治效果达65%以上；稻飞虱防治效果达90%以上；田间化学农药投入量减少100%，化肥投入量减少30%以上。近年来持续推进绿色农业生产，生态环境持续好转。

四、主要经验

(1)勇于探索。在各级专家的指导下开展试验示范及探索,逐步形成了专业的技术体系,在生产中探索真理,优化技术,为促产增收提供技术支撑。

(2)敢于创新。从单一水稻种植不断延伸拓展至集种植、生产、加工、销售于一体的全产业链,需要投入大量的人力、财力及物力,在坚持绿色种植的同时延伸有机产品,使产品价值不断得到提升。

(3)严格标准。石首市四生粮食种植专业合作社发展至今,做了高标准的规划、运用了高标准的技术,严格执行技术标准,使合作社产品质量有保障。

第十章　鸭蛙稻模式示范推广

第一节　鸭蛙稻模式的国际交流活动

2016 年 8 月 1—6 日，中国欠发达地区绿色发展及全球性含义国际研讨会在湖北石首召开，来自美国、德国、瑞士、法国、荷兰、尼泊尔等国家，以及国务院发展研究中心、北京大学、清华大学、中国人民大学、北京理工大学等机构的 30 余位专家学者共同研讨绿色发展（图 10.1）。

图 10.1　中国欠发达地区绿色发展及全球性含义国际研讨会会场

2017 年 6 月 20—23 日，商务部组织了援外培训班“中国农村经济发展经验研修班”，来自博茨瓦纳、埃塞俄比亚、约旦、马拉维、巴拿马、坦桑尼亚、乌干达、委内瑞拉、津巴布韦等国家的 20 多位农业官员学习考察石首鸭蛙稻绿色发展示范创建工作，主题是“欠发达传统农区如何通过绿色转型加快农业发展”（图 10.2）。

2017 年 7 月 10—13 日，开展北京大学南南合作与发展学院研博班，来自埃塞俄比亚、刚果、尼泊尔等 15 个国家的 19 位农业高级官员和社会领袖学员，学习考察中国农村（石首）的发展现状，探索绿色发展转型之路（图 10.3）。

2018年4—5月，美国亚利桑那州国际关系学院的肖娜教授、玛格丽特助理，用时45天，调研考察石首市团山寺镇长安村、过脉岭村鸭蛙稻基地，探讨绿色农业发展及对人的行为改变（图10.4）。

图10.2 “中国农村经济发展经验研修班”主会场（2017年）

图10.3 北京大学南南合作与发展学院研博班学员学习插秧

图10.4 美国亚利桑那州国际关系学院的肖娜教授考察长安村、过脉岭村鸭蛙稻基地

2018 年 5 月 23—25 日，商务部组织了援外培训班“中国农村经济发展经验研修班”，来自老挝、乌兹别克斯坦、孟加拉国、柬埔寨、格鲁吉亚、约旦等“一带一路”沿线 40 个国家的 70 多位农业官员、专家，考察石首鸭蛙稻绿色发展示范创建工作(图 10.5～图 10.6)。

图 10.5 “中国农村经济发展经验研修班”主会场(2018 年)

图 10.6 “中国农村经济发展经验研修班”学员学习插秧

2019 年 6 月 23—28 日，美国亚利桑那州立大学师生 10 余人研学石首市团山寺镇的鸭蛙稻绿色生态农业模式(图 10.7)。

图 10.7 美国亚利桑那州立大学师生合影

第二节 鸭蛙稻模式的国内学习交流活动

2017 年 8 月 12 日，由新华网、人民网、湖北日报网等 40 多家国内知名网络的 60 余名媒体记者、编辑组成报道团队，深入石首市鸭蛙稻绿色发展示范区采风，留下了“鸭蛙唱稻丛，白鹭翔田端”的诗句。

2018 年 5 月 21—23 日，湖北省农业农村厅植物保护总站召开全省农药减量控害暨水稻病虫害绿色防控技术培训班”(图 10.8)。

图 10.8　全省农药减量控害暨水稻病虫害绿色防控技术培训班会议现场

2018 年 10 月 26 日，农民日报以“鸭蛙稻里的绿色密码”为题报道石首市鸭蛙稻绿色生态农业模式。

2019 年 5 月 17—19 日，全国农业技术推广服务中心在石首市召开绿色防控新技术与示范区建设培训班（图 10.9～图 10.13）。

图 10.9　绿色防控新技术与示范区建设培训班会议现场

图 10.10　湖北省水稻“双减”课题首席专家授课

图 10.11　全国农业技术推广服务中心专家参观鸭蛙稻基地

图 10.12　全国农业技术推广服务中心防治处领导指导水稻绿色生产

图 10.13 全国农业技术推广服务中心防治处领导指导鸭蛙稻绿色生产

2019 年 9 月 1—3 日，湖北省水稻高质量发展技术研讨会暨石首鸭蛙稻现场观摩推进会在石首召开(图 10.14)。

图 10.14 中国水稻研究所、湖北省农业科学院领导专家亲临指导

2020 年 5 月，石首市被全国农业技术推广服务中心评为全国“绿色防控示范县(市)”。

2020 年 7 月 7—9 日，湖北省农业农村厅植物保护总站在石首召开湖北省农作物重大病虫害防控现场培训班暨《农作物病虫害防治条例》宣传月活动(图 10.15～图 10.16)。

2020 年 7 月 23—24 日，湖北省农业科学院在石首召开国家重点研发计划“湖北省稻麦(油)轮作区水稻化肥农药减施增效技术集成与示范”专家评议会(图 10.17～图 10.19)。

图 10.15 《农作物病虫害防治条例》宣传月活动启动仪式

图 10.16 湖北省农业农村厅领导宣贯《农作物病虫害防治条例》

图 10.17 国家重点研发计划“湖北省稻麦(油)轮作区水稻化肥农药减施增效技术集成与示范”专家评议会会场

图 10.18　国家重点研发计划“湖北省稻麦(油)轮作区水稻化肥农药减施增效技术集成与示范”专家评议会到会人员会场合影

图 10.19　国家重点研发计划“湖北省稻麦(油)轮作区水稻化肥农药减施增效技术集成与示范”专家评议会到会人员示范现场合影

2018—2019 年，据记载统计，国内、省内、荆州市内，共有近 380 批次，近 4000 人次的党政代表，技术部的专家团体，农业合作社组织参观考察石首市鸭蛙稻基地，内容涵盖绿色发展引领扶贫攻坚，红色党建，鸭蛙稻绿色生态农业模式示范区创建，田园综合体，乡村旅游，农产品加工与品牌打造市场营销等活动。

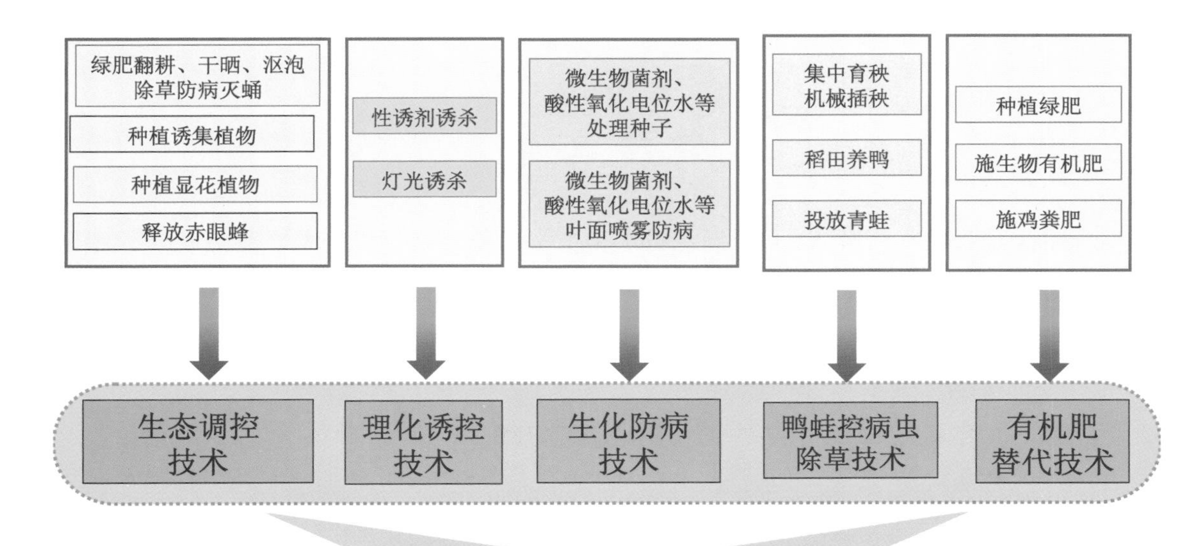

鸭蛙稻化肥农药减施增效技术路线图

参考文献

[1]常向前，李儒海，褚世海，等. 湖北省水稻主产区稻田杂草种类及群落特点[J]. 中国生态农业学报，2009，17(3)：533-536.

[2]常向前,吕亮,杨小林,等. 湖北省水稻害虫卵寄生蜂调查分析[J]. 湖北农业科学,2018,57(20):87-88,92.

[3]程家安. 水稻害虫[M]. 北京:中国农业出版社,1996.

[4]陈环球,程正甫,陈吉中,等. 0.2%苯丙烯菌酮微乳剂防治水稻稻瘟病和纹枯病药效试验[J]. 湖北植保,2020(01):20-22.

[5]丁亨虎,刘章军,杨利,等. 施硅对水稻生长发育及产量结构的影响[J]. 湖北农业科学,2015,54(14):3356-3360.

[6]丁锦华. 农业昆虫学[M]. 南京:江苏科学技术出版社,1991.

[7]付维新,廖汉玉,袁航,等. 石首市稻+鸭+蛙绿色生产模式初探[J]. 湖北农业科学,2019,58(07):24-26.

[8]傅强,黄世文. 图说水稻病虫害诊断与防治[M]. 北京:机械工业出版社，2019.

[9]傅强,黄世文. 水稻病虫害诊断与防治原色图谱[M]. 北京:金盾出版社,2005.

[10]胡时友,杨利,彭成林,等. 施用硼、硅肥并减施氮、磷、钾肥对油菜生长和产量的影响[J]. 湖北农业科学,2017,56(19):3624-3625,3629.

[11]李扬汉. 中国杂草志[M]. 北京：中国农业出版社，1998.

[12]刘冬碧,范先鹏,杨利,等. 江汉平原水稻肥水管理现状与技术对策[J]. 湖北农业科学,2010,49(8):1831-1835.

[13]刘冬碧,夏贤格,范先鹏,等. 长期秸秆还田对水稻—小麦轮作制作物产量和养分吸收的影响[J]. 湖北农业科学,2017,56(24):4731-4736.

[14]吕亮,常向前,杨小林,等. 湖北水稻蛀秆螟虫越冬情况调查[J]. 环境昆虫学报,2018,40(05):1051-1057.

[15]马朝红,杨利,胡时友. 土壤供硅能力与硅肥应用研究进展[J]. 湖北农业科学,2009,48(4):987-989.

[16]宋宝安,金林红,郭荣. 南方水稻黑条矮缩病识别与防控技术[M]. 北京:化学工业出版社，2014.

[17]孙毛毛. 紫云英高效栽培技术要点[J]. 南方农业,2017,11(25):59-60,66.

[18]孙贤海,谢远珍,王家栋,等.水稻病虫害绿色防控技术集成与示范推广[J].湖北植保,2017(01):45-46.
[19]王家泓.冬种绿肥紫云英高产栽培技术研究[J].现代农业,2019(5):68-69.
[20]王佐乾,杨小林,吕亮,等.稻曲病侵染规律研究进展与展望[J].湖北农业科学,2019,58(09):5-8,12.
[21]肖长惜,罗汉钢,张求东,等.2011年湖北省农作物病虫绿色防控示范工作方案[J].湖北植保,2011(03):34-36.
[22]徐风杰.优化鸭稻共作技术措施 努力提高种稻经济效益[J].中国科技博览,2010(25):193-195.
[23]徐志红,李俊凯.不同栽培方式稻田杂草发生特点及防控措施[J].长江大学学报(自科版),2016, 13(33):1-3.
[24]杨利,马朝红,范先鹏,等.硅对水稻生长发育的影响[J].湖北农业科学,2009,48(4):990-992.
[25]杨利,范先鹏,余延丰,等.水稻应变式肥水管理技术综述[J].湖北农业科学,2009,48(9):2271-2274.
[26]易妍睿,吴润,方华,等.湖北省绿肥(紫云英—油菜)混播高效栽培技术[J].中国农技推广,2016,32(11):43-44.
[27]张舒,胡时友,郑在武,等.不同硅肥施用量对水稻纹枯病发生及产量的影响[J].江西农业学报,2019,31(10):99-101.
[28]张舒,卢殿友,赵华,等.毒·峰杀虫卡对水稻二化螟的防控效果[J].湖北植保,2017(02):21-22.
[29]张舒,张求东,罗汉钢,等.金龟子绿僵菌CQMa421对水稻重要害虫的防治效果[J].湖北农业科学,2018,57(17):53-55.
[30]张维球.农业昆虫学[M].2版.北京:中国农业出版社,1994.
[31]张秀芝,易琼,朱平,等.氮肥运筹对水稻农学效应和氮素利用的影响[J].植物营养与肥料学报,2011, 17(4): 782-788.
[32]章家恩,陆敬雄,张光辉,等.鸭稻共作生态农业模式的功效及存在的技术问题探讨[J].农业系统科学与综合研究,2006,22(02):94-97.
[33]章家恩,陆敬雄,张光辉,等.鸭稻共作生态农业模式的功能与效益分析[J].生态科学,2002,21(01):6-10.
[34]章家恩,许荣宝,全国明,等.鸭稻共作对水稻生理特性的影响[J].应用生态学报,2007,18(09):1959-1964.

[35]中国农业科学院植物保护研究所，中国植物保护学会. 中国农作物病虫害 上册[M]. 2 版. 北京：中国农业出版社，2015.
[36]周建光，叶秋容，占慧梅，等. 浠水县稻田紫云英绿肥高产栽培技术[J]. 现代农业科技，2020(2)：171，178.